松毛虫生物防治

——基于 DpwCPV 的研发与应用

陈 鹏 胡光辉 槐可跃 著

中国林业出版社

·北京·

图书在版编目(CIP)数据

松毛虫生物防治：基于 DpwCPV 的研发与应用 / 陈鹏，胡光辉，槐可跃著. —北京：中国林业出版社，2020. 11

ISBN 978-7-5219-0913-5

Ⅰ. ①基… Ⅱ. ①陈… ②胡… ③槐… Ⅲ. ①松毛虫-生物防治-研究 Ⅳ. ①S763. 712. 4

中国版本图书馆 CIP 数据核字(2020)第 221816 号

出版发行 中国林业出版社有限公司(100009 北京市西城区刘海胡同 7 号)
　　　　　网址　http://www. forestry. gov. cn/lycb. html
　　　　　E-mail　36132881@ qq. com　电话　010-83143545
印　　刷　北京中科印刷有限公司
版　　次　2020 年 11 月第 1 版
印　　次　2020 年 11 月第 1 次印刷
开　　本　710mm×1000mm　1/16
印　　张　8
字　　数　140 千字
定　　价　80. 00 元

前　言

　　松毛虫属鳞翅目（Lepidoptera）枯叶蛾科（Lasiocampidae）松毛虫属（Dendrolimus）昆虫，是森林害虫中发生量大、危害面广的主要森林害虫。松毛虫的危害导致木材减产，松树枯死，造成严重生态、经济损失。松毛虫的危害还是森林次期性害虫（如小蠹虫、天牛等）暴发成灾的最大诱因。为了控制松毛虫危害，数十年来，大量使用化学农药，造成严重恶果：化学农药施用量越来越大，所用药剂毒性越来越高，严重破坏森林生态系统，松毛虫治理陷入越防治越严重、防治费用越来越高的恶性循环之中。如何有效可持续控制松毛虫危害成为了森林生态系统服务功能能否充分发挥亟待解决的首要问题。

　　利用病毒治理虫害具有安全、持久、无污染等明显优点，文山松毛虫质型多角体病毒（DpwCPV）是松毛虫的一种天然病原体，1983年首次在云南省红河州被发现。此后，云南省林业科学院（现为"云南省林业和草原科学院"）联合中国林业科学研究院对该病毒的形态结构、毒力生测、安全试验、产品卫生检测、病毒的生产（增殖）技术、室内加工提取技术、林间应用技术等作了系统研究，发现DpwCPV不仅对体型较小的松毛虫，如文山松毛虫（D. punctatus wenshanensis）、德昌松毛虫（D. punctatus tehchangensis）、马尾松毛虫（D. punctatus）、赤松毛虫（D. spectabilis）等有极好的杀灭效果，而且对大型松毛虫，如云南松毛虫（D. houi）、思茅松毛虫（D. kikuchii）等也有极好的杀灭效果。病毒对松毛虫具有可持续的控制作用，单克隆抗体检测手段，证实DpwCPV一次施用，可多年在林间保存。综上研究表明DpwCPV毒力强，性能稳定，对环境不会造成任何污染，是控制和降低松毛虫危害的最佳昆虫病毒。

　　1983年至今，云南省林业科学院的科研人员持续不断开展DpwCPV的一系列研究。本书是编著者近四十年来科研成果的累积，分九个章节，主要介绍：松毛虫主要生物防控方法和措施，松毛虫病毒研究进展，DpwCPV感染松毛虫及安全性试验，文山松毛虫质型多角体病毒的增殖，DpwCPV提取及制剂开发，DpwCPV新制剂的研发与综合应用技术，DpwCPV制剂持续控制松毛虫效果与DpwCPV制剂应用及其效益分析。此外，在作者研究过程中，第一次自行设计松毛虫病毒复制的围栏，在全国首先进行大型围栏复制病毒，率先在全国采用开放式围栏复制病毒，并与昆明机床股份有限公司研制"感病松毛虫搅拌机"，仅在 1999~2004 年累计加工松毛虫病毒的感病死虫 20 余 t，所生产的病毒防治松毛虫 13.33 万 hm^2。发明了一种人工助迁松毛虫天敌装置，创新研制出 DpwCPV 助迁天敌防治松毛虫的方法、松毛虫质型多角体病毒油剂的生产方法使病毒保质期从 1~2 年提高到 3~4 年，一次防治松毛虫发可持续控制其 3~5 年不成灾。

本书在编写过程中得云南省林科院退休老专家陈世维、陈尔厚、索启恒等 3 位高级工程师帮助，以及段兆尧正高级工程师耐心指导，在此表示衷心感谢！

著　者

2020 年 3 月

目　　录

第一章
松毛虫主要生物防控方法和措施

松毛虫属于鳞翅目（Lepidoptera）枯叶蛾科（Lasiocampidae）松毛虫属（*Dendrolimus*），是一种危害森林的重大害虫。广义松毛虫论认为，其包括了凡危害，如松（*Pinus* spp.）、落叶松（*Larix* spp.）、云杉（*Picea* spp.）、冷杉（*Abies* spp.）、油杉（*Keteleeria* spp.）、刺柏（*Juniperus* spp.）等针叶树的枯叶蛾科的毛虫类，已知 7 属 82 种。

第一节　松毛虫的危害与分布

松毛虫是我国历史性的森林大害虫。早在明嘉靖九年（1530 年），浙江省即已有松毛成灾的记载。比较详细的报道，则以明万历十七年（1599 年）江苏省《常昭志》的记载："……山中松树受其害，据梢食叶，爬爬有声，树尽凋谢，俗呼松蚕。"一直到新中国成立前，各地历史资料均可零星找到叙述松毛虫为害和造成损失的记录。松毛虫在我国分布范围很广，北起大兴安岭，南至海南岛，西至阿尔泰山，东抵沿海城镇及沿海岛屿，全国各省、自治区、直辖市，都有它的踪迹。松毛虫的生物学特性随着地理分布的变化，从北向南由每年发生 1 代增加到每年 3~4 代不等。松毛虫在我国的地理分布包括：①古北区：落叶松毛虫（*Dendrolimus superans* Bulter）、赤松毛虫（*D. spectabilis* Bulter）等 9 种；②东洋区：马尾松毛虫（*D. punctatus* Walker）、云南松毛虫（*D. houi* Lajonquiere）等 18 种，其中陕西 10 种、云南 8 种。

狭义松毛虫论仅限于松毛虫属（*Dendrolimus*）的种类，全世界松毛虫属昆虫共有 30 余种，我国分布有 27 种，是松毛虫种类最丰富的国家，其中对我国森林危害比较严重的种类有油松毛虫（*D. tabulaeformis* Tsai et Liu）、落叶松毛虫、马尾松毛虫、云南松毛虫、思茅松毛虫（*D. kikuchii* Mats）与文山松毛虫（*D. punctatus wenshanensis* Tsai et Liu）等，其主要危害针叶树种，兼害阔叶树种。

我国林业科研人员多年来的调查结果表明，在我国 27 种松毛虫中危害严重的有 6 种，依其危害成灾面积和受害程度的高低排序，依次为马尾松毛虫、落叶松毛虫、油松毛虫、赤松毛虫、云南松毛虫、思茅松毛虫。据估计，全国年均受害面积约 266.67 万~333.33 万 hm²，立木生长量损失达 1000 万 m³，年损失松脂约 5000 万 kg，松毛虫所造成的经济损失达数十亿元之多。不仅如此，松毛虫本身也对生态环境造成危害，可使水源涵养效率减小，调节气候的能力减弱，森林景观遭破坏等，并且大量使用化学杀虫剂亦对环境造成极为严重的破坏，如杀灭大量天敌，破坏森林生态平衡，促使其他害虫猖獗，同时还污染了人类生存环境。此外，松毛虫的毒毛触及人体皮肤，轻则引起皮肤红肿刺痒，重则出现全身不适、四肢关节肿痛，不能参加劳动，俗称"松毛虫病"。

第二节　影响松毛虫种群变动的关键因子

松毛虫成灾主要表现为受灾面积大、周期性暴发两个特征。主要暴发种类以马尾松毛虫成灾最严重，其余依次为落叶松毛虫、油松毛虫、赤松毛虫、云南松毛虫和思茅松毛虫。马尾松毛虫暴发周期一般为 3~5 年，油松毛虫、赤松毛虫则 6~10 年暴发 1 次，落叶松毛虫暴发周期为 10~20 年左右。如近 50 年来马尾松毛虫在福建省平均 3.69 年出现一次高峰，其危害面积逐年上升，近 20 年来年均发生面积近 8 万 hm²，每年造成直接经济损失 3200 万元以上。近些年在地方政府高度重视和松毛虫综合防治的大力开展下，松毛虫发生面积稳中有降，但松毛虫发生面积仍占森林主要害虫发生面积的 50% 以上，松毛虫仍是当地的头号森林害虫。

松毛虫猖獗时可将松树针叶食尽，导致大面积松林死亡，造成严重的经济损失，因此又有"不冒烟的森林火灾"之称。同时，由于松毛虫爆发时期的幼虫虫体和茧壳上的毒毛散布在杂草、灌丛及松树的枝叶中，人们在林间进行生产活动时会接触毒毛从而引起中毒，轻者皮肤痛痒，重者发生炎症、四肢关节肿痛，严重影响人的身体健康。

影响松毛虫种群灾变的关键因子包括气候、天敌和生长立地类型及林分结构等。其中，气候因子主要包括温度、湿度、降雨、光周期、风力、风向及其相互综合作用等，这些关键因子对松毛虫种群数量消长的作用方式各异，松毛虫的灾变即是在自然界这些因子相互作用下综合影响的结果。

一、温度是影响松毛虫种群动态最关键的气候因子

首先，温度直接影响松毛虫的生存策略，直接对其生长发育速度、种群

数量及其生活史产生影响，如南方的马尾松毛虫每年可发生 4~5 代，而北方的落叶松毛虫每年仅发生 1 代、甚至 2 年发生 1 代；北方种群通常在 9 月份甚至 8 月底就开始进入滞育状态，而南方种群(如广东、海南)则可能全年发生而不滞育。因此，南方气温偏高使松毛虫暴发成灾周期短、突发性强，有利于松毛虫暴发成灾，尤其是在高温干旱年份，松毛虫高代分化率高，猖獗暴发概率加大。如马尾松毛虫 2、3 代分布区若遇 7~8 月份高温干旱，其 3 代的分化比例会明显增大，导致秋季大发生。其次，松毛虫越冬代的存活率与温度变动密切相关。暖冬更有利于松毛虫越冬代的存活，导致来年春季松毛虫种群暴发的可能性大大提高。而松毛虫越冬前期，当地的骤然降温及长期的低温对越冬种群非常不利，甚至是致命的，因为多数未经低温驯化的幼虫其耐寒能力较差，即使受到低温驯化后的幼虫经长时间的低温暴露，其死亡率也会大幅上升。此外，温度因子对湿度、光周期的作用还具有较为明显的干扰效应。高温干扰松毛虫的短光周效应，诱导其滞育率明显下降；低温则促进短光周效应，使临界光周值显著升高。例如，北方油松毛虫种群临界光周值为 14.5 h，而南方马尾松毛虫为 13.5 h，南方热带马尾松毛虫种群几乎全年发生，基本不滞育，所以潜在暴发性就高。

二、松毛虫的暴发离不开其食物，即物质基础是松树和大面积纯林

首先，松林的组分、结构与松毛虫暴发周期密切相关。马尾松毛虫取食松树纯林，其幼虫的发育速率、化蛹率、羽化率、产卵量，食物利用率、转化率和消耗率等方面显著优于取食针阔混交林的种群，其死亡率也显著低于后者。因而，松毛虫(如马尾松毛虫)在干燥型松树纯林及 10 年生幼林中最易暴发成灾，而在混交林，尤其是针阔混交林，其林分较少暴发松毛虫危害。

其次，松针质量及其抗性干扰对松毛虫种群暴发也起到明显的调控效应。马尾松毛虫取食老针叶(2 年生)时成活率明显高于新针叶，这与老叶中 10 种必需氨基酸含量更高有直接关联。湿地松(*Pinus elliottii*)的针叶内 β-蒎烯含量明显高于马尾松(*P. massoniana*)的松针，对马尾松毛虫表现出明显抗性，使取食湿地松等的马尾松毛虫种群趋势指数明显下降。另外，松树受松毛虫危害后会启动其诱导化学防御机制，针叶内化学成分随之发生较明显的变化，松树会产生抗性，进而干扰松毛虫种群发生，研究表明，中度受害林抗性表现最强。马尾松毛虫取食抗性松针后其体内解毒酶活性提高，发育历期延长、体重降低、死亡率增加、生殖力下降。因此，松毛虫暴发成灾后的种群快速

崩溃可能也与松树受害后的诱导抗性的产生有关。

三、松毛虫生殖发育对种群发生的影响分析

松毛虫的产卵量一般都较大，达 300~400 粒，卵均为成串或成堆产在针叶或小枝上。云南松毛虫和思茅松毛虫的卵壳有环状花纹，其他种的卵都是单一色彩，多呈粉红色。初孵幼虫及 2 龄幼虫有明显群栖性，3 龄以后则开始分散，5 龄以上幼虫进入壮龄阶段，随着虫龄增长，其取食量也随之显著增加。幼虫体色多分为体背稍带金黄的浅色型和体色较灰、黑的深色型。松毛虫幼虫死亡率甚高，幼龄幼虫平均死亡率可达 75% 以上，甚至 90% 以上，但剩余虫数仍足以猖獗成灾。食物的丰歉对雌虫存活及繁殖量的影响很大，在种群密度大、食料缺乏的情况下，常被迫提前化蛹或大量死亡，导致种群的急剧消退。少数种类以卵或蛹越冬，绝大多数种类以 2~3 龄幼虫越冬。蛹期约 15~20 d，雌雄比接近 1 : 1。雌雄成虫多在羽化后当晚进行交尾，一般只交尾 1 次。成虫一般不作大范围的迁飞扩散，迁飞扩散的距离受周围食物、光源、风向、风力及虫体等因素的影响，迁飞距离大致为 5~10 km。迁飞除被迫随风飘移外，主要趋向有利于幼虫存活的林分，因此重灾区周围的健康林分，往往成为松毛虫成虫迁移产卵的场所。松毛虫的世代也因种类而不同，其中赤松毛虫和油松毛虫均为 1 年 1 代为主，马尾松毛虫多为 1 年 2~3 代，落叶松毛虫 1 年 1 代或 2 年 1 代(跨 3 年)，云南松毛虫 1 年 1~2 代，思茅松毛虫 1 年发生 1~2 代，文山松毛虫 1~2 代。

第三节 松毛虫暴发的机制分析

通常，害虫暴发与 5 个方面的内在和外在因素有关：
①有利其生长发育的环境；
②种群中存在更多的高产卵量基因型；
③种群中存在更多抗天敌基因型；
④种群适应型和协同型的增加；
⑤种群迁入量空增和短期的环境和遗传波动。

就松毛虫而言，其种群暴发成灾的机制主要有两类：一是种群的内因，即内在机制或遗传特性，即该种群是否具备种群暴发的特征，如种群的基数大、种群的适合度高、种群的生活史对策等；另一类则是外在机制，即外在条件对其种群发展是否具有正向作用，如气候适宜、食料丰富、天敌少或失

控等。松毛虫暴发的种多数具有寄主范围广、产卵量高等特点，即与种群暴发的内在机制有关。但成灾最严重的马尾松毛虫寄主范围相对狭小，且产卵量不高，其暴发成灾更多与南方大面积的马尾松单一林分及高温干燥的气候有关，即暴发的外在机制作用更明显。

马尾松毛虫暴发成灾具有周期性和突发性两重性，其暴发成灾除了与遗传特性有关外，大面积马尾松纯林的存在则为其暴发提供了适宜的寄主食物。纯林食料丰富，其他植被稀少，生物群落简单，天敌相对少，林地温、湿度对松毛虫的生长发育有利，种群容易大发生。许多报道也显示，松毛虫暴发首先发生在纯林，之后向周边扩展。在具备物质基础后，松毛虫的暴发成灾还需高温干旱或由环境噪音引起的混沌动态作为其启动因子。松毛虫在暴发的上升期受到正密度相关作用的驱使，而在下降期和潜伏期主要是因为受到松树诱导抗性、严重失叶和天敌所引起的负密度相关作用。

第四节　松毛虫的生物防治

对于松毛虫的防治，此前多采用化学防治方法，虽然可在较短时间内消灭大面积的害虫，但长时间不合理施用剧毒化学农药，不仅杀伤大量松毛虫的天敌且促使松毛虫抗药性增强，从长远来看也破坏了森林生态系统，造成大批松林衰亡，同时也产生了严重的环境污染问题。

生物防治利用了森林生态系统中的寄生和捕食关系，克服了化学防治带来的污染问题，因此利用生物防治手段控制松毛虫的种群数量，具有独特作用。

本节将国内常用的生物防治措施(寄生蜂、白僵菌、苏云金杆菌、质型多角体病毒及利用益鸟)进行了总结概述。

一、利用赤眼蜂防治

赤眼蜂属于膜翅目(Hymenoptera)赤眼蜂科(Trichogrammatidae)赤眼蜂属(*Trichogramma*)，是当前世界各国生物防治中应用范围最大、最有效的害虫天敌。

赤眼蜂被广泛应用于有害昆虫生物防治领域中，尤其对鳞翅目害虫有着较好的防治效果。已有超过50多个国家在大田和蔬菜农业生态系统上大面积释放应用。赤眼蜂通过将其卵产于寄主卵内，吸收其营养完成自身的生长发育，从而有效地控制害虫的发生数量。目前，可以通过人工大规模释放赤眼蜂来控制以鳞翅目害虫为主的约 1200 多种昆虫。利用赤眼蜂进行生物防治，与传统化学防治相比，其无化学污染、无农药残留满足了人们对农产品绿色健康的需求。

松毛虫赤眼蜂是国内应用较广泛的优势蜂种。松毛虫赤眼蜂形态特征如下：

雄：体长约 0.5~1.4 mm，体色黄色，触角毛长。腹部为黑褐色。外生殖器：阳基背突处有明显宽圆的侧叶，中脊成对，向前延伸至中部而与一隆脊连合，阳茎与其内突等长。

雌：成虫全体黄色，仅腹部末端及产卵器末端有褐色的部分。

寄主：鳞翅目的枯叶蛾科、麦蛾科、螟蛾科、卷蛾科等 16 科约 85 种害虫的卵。

松毛虫赤眼蜂（*Trichogramma dendrolimi*）防控松毛虫的作用方式是将卵产在松毛虫等鳞翅目昆虫的卵或成虫体内，幼虫孵化后以松毛虫的卵或成虫为食物。与幼虫期或其他虫期的寄生天敌相比，赤眼蜂的卵寄生特性能是将害虫（松毛虫）杀死在孵化之前，避免了松毛虫幼虫对树木的危害，因此在害虫治理中有较大的优势。

松毛虫赤眼蜂应用主要步骤包括准备阶段、育卵阶段、繁蜂阶段、放蜂阶段。

赤眼蜂寄主卵采用柞蚕（*Antheraea pernyi* Tussah）剖腹卵，生产方法为挂卡繁蜂。

松毛虫赤眼蜂主要生产步骤如下：

(1)首先需确定生产松毛虫赤眼蜂时间。根据放蜂区松毛虫往年的生活史，结合当年的虫情调查推断拟放蜂区松毛虫产卵期，再根据产卵期来安排蜂卡的生产时间，一般要求所有蜂卡生产须在松毛虫产卵初期完成。

(2)生产准备。包括洗卵、卵的吹干、制胶等，为确保寄主卵新鲜，洗卵时卵在水中浸泡时间不得超过 5 h，卵必须阴干。粘胶采用聚乙烯醇兑水蒸煮至溶解。

(3)卵卡制作。首先采用专制模具将粘胶整齐地刷在白卡纸上，每张 A3 白卡纸上刷有 88 个粘胶的小方块，再将柞蚕卵粘在白卡纸刷有粘胶的小方块上，刷胶须均匀，以保证每个小方块上粘有柞蚕卵 65~75 粒，并自然晾干或采用风扇吹干备用。

(4)繁蜂。将第二步中制成的卵卡挂在繁蜂房内种蜂前的蜂幕上，利用赤眼蜂的趋光性，几分钟至十几分钟卵卡即爬满了赤眼蜂，具体挂卡时间长短应根据当时种蜂数量多寡来定，并根据卵卡上赤眼蜂的数量进行判断。刚接种赤眼蜂，从蜂幕上取下的卵卡应在繁蜂室内遮黑放置24 h，保证赤眼蜂有充足的寄生时间，寄生了赤眼蜂的卵卡即成为"蜂卡"。

（5）蜂卡装盒。将蜂卡的每一个小方块单独装入专制的放蜂器内，即成为了正规的赤眼蜂生物产品，产品立即投入使用最佳，如因天气等原因不能立即放蜂，产品应存放在空调房内，温度由所需存放时间的长短控制。

（6）选准放蜂时期。根据拟防控地区气候特点和松毛虫发育情况，推定松毛虫羽化率达20%~30%时释放，放蜂后2~3 d内无大到暴雨。

（7）确定放蜂量。根据卵块密度确定放蜂量标准：①单株平均害虫卵块密度为0.4~0.7块时林地挂放蜂盒10~12个/亩（约4万~5万头蜂），卵块密度特别大时可放12个/亩以上；②单株平均害虫卵块密度为0.1~0.3块时，林地挂放蜂盒8~10个/亩（约3.5万~4万头蜂）；③单株平均害虫卵块密度低于0.1块时，林地挂放蜂盒6~8个/亩（约2.5万~3.5万头蜂）。

（8）放蜂盒悬挂高度。根据松毛虫危害程度，放蜂盒悬挂高度应根据林木高度确定，林木树高10 m以下时，挂在林木1.5~3 m处，林木高度超过10 m时，放蜂盒悬挂高度也相应增高。

（9）放蜂时限。蜂卡运到放蜂点后，及时分发给放蜂人员装盒，气温在30 ℃以上，且无冷藏条件时，所有蜂盒须在1~2 d内全部放完。

二、利用白僵菌防治

球孢白僵菌［*Beauvria bassiana*（Bals.）］属半知菌纲（FungiImperfecti）链孢霉目（Moniliales）链孢霉科（Moniliaceae），俗称"白僵菌"，是松毛虫的一种重要致病真菌。致病原理主要是白僵菌分生孢子接触虫体后，在适宜条件下萌发出菌丝，穿透幼虫体壁，以虫体为营养进行繁殖，其分泌的毒素可使松毛虫致死，死亡的松毛虫尸体由软变硬，虫尸内的菌丝和分生孢子使僵虫体表成白粉状，其分生孢子借助于空气流动等媒介传播给活虫，条件适宜时可形成疫病，使松毛虫大量死亡。白僵菌的生产简易、原料易得，因而被广泛应用。

（1）工艺流程。斜面菌种→摇瓶一级液种→二级种子罐液种→三级种子罐扩大液种→半固体（载体扩大培养、产孢→干燥→悬风机械收孢→菌粉质量检验→包装→低温贮存。

（2）白僵菌林间使用方法。由于球孢白僵菌属真菌类杀虫剂，对环境的要求比较严格，特别对湿度要求很高，所以在使用球孢白僵菌时要掌握几个基本原则：

①因地制宜。我国地域辽阔，森林植被和地理条件不同，气候条件差异也较大，要想获得比较理想的效果，就要因时因地制宜。我国大体上可划分为三个不同的区域：对广东、广西、福建、浙南沿海一带等亚热带和热带地区，气候温暖、雨量充沛，空气湿度较大，可以常年防治，但以松毛虫越冬前后的 11 月和 2~3 月最好，此时容易发生流行病。黄淮以南，长江流域，马尾松毛虫发生的二代区，最好是在气候逐渐转暖，气温回升的梅雨季节使用，也可以冬季防治，使松毛虫带菌越冬；黄淮以北，油松毛虫和落叶松毛虫 1 年只发生一代，幼虫有下树越冬的习性，这些地区气候比较干燥，少雨，但可以利用 7~8 月份阴雨天来防治松毛虫，只要掌握好时机，也可充分发挥球孢白僵菌的杀虫效果。

②把握好中温高湿的时机。球孢白僵菌的萌发需要 90% 以上甚至全饱和湿度，球孢白僵菌生长发育最适温度 24~28 ℃，10 ℃以上就能缓慢生长，但 30 ℃以上的高温对球孢白僵菌生长发育不利。

③提早放菌。在南方，由于马尾松毛虫 3~4 龄时食量比较少，提早放菌就可以提高幼虫死亡率，减少松针的损失。

④放菌的基本方法和技术。人为地给林间引进白僵菌，采用各种方法增加林间白僵菌的存活量；改造环境，强化地方病，对现有林进行改造，增加森林的郁闭度和蜜源植物，使林间原有的病原很好地保存和传播；适时地补充白僵菌，当白僵菌的数量已不能足以抑制松毛虫的大量增殖时，就应人工补充放菌。菌药或多菌种混用，在虫口密度较大林分，为迅速降低虫口数量，可在白僵菌制剂中加入亚致死剂量的化学农药或细菌制剂一起使用。

⑤放菌的基本方式。在广东、广西、福建一带高温高湿地区，为了降低成本，充分发挥白僵菌扩散流行的作用，在施放白僵菌时，常常采用梅花点放、带放、小块状放菌，不实行全面喷菌，也可达到同样好的效果。

⑥放菌技术。我国应用白僵菌大面积防治松毛虫技术是多种多样的，从地面常规喷粉、喷雾、放带菌活虫、挂粉袋、放粉炮、地面超低容量喷雾发展到飞机喷粉、喷雾和超低容量喷油剂或乳剂等方法，都可以收到很好的防治效果。

（3）持续控制效果。在安徽省宣州市麻姑山林场，应用接种式放菌方式设立了 12 个不同放菌量和放菌频度的放菌试验区和 1 个化学防治对照区。连续 4 年调查结果显示，在应用接种式放菌的 12 个试验区中，松毛虫虫口多年均控制在低虫口状态，最高虫口密度和有虫株率分别仅为 0.3 条/株和 30%；而化学防治区在有虫株率和虫口密度上都与接种式放菌区有着重大差别，最高分别可达 21 条/株和 100%，并且各调查年份间存在着较大波动。通过对试验区马尾松毛虫的天敌昆虫调查，发现在接种式放菌的试验区中存在着丰富的马尾松毛虫天敌昆虫种群数量，其中以幼虫期的天敌昆虫种类最为丰富，高峰期达到 9 种；卵期天敌种类次之，最多可达 4 种；蛹期的天敌种类只有 1 种；然而，未发现能有效控制松毛虫成虫的优势天敌昆虫。在松毛虫发育期，当天敌昆虫达高峰时，林间同时存在 13 种松毛虫的天敌昆虫。这种丰富的松毛虫天敌昆虫和时序控制机制是松毛虫持续控制的一个重要因子。

三、利用苏云金杆菌防治

苏云金杆菌(*Bacillus thriengiensis*，简称 Bt)是一类能产生晶体、具芽孢、能寄生于昆虫体内并引起昆虫发病的杆菌，革兰氏染色呈阳性，大小在 $(1.2\sim1.8)\,\mu m\times(3.0\sim5.0)\,\mu m$ 左右。致病原理主要是苏云金杆菌在形成芽孢的同时，在菌体的另一端产生一个菱形或正方形的伴孢晶体(大小为 $0.6\,\mu m\times 2.0\,\mu m$)，伴孢晶体是一种蛋白质毒素，又称内毒素，可破坏鳞翅目幼虫肠道，引起虫体瘫痪致死。在细菌生长过程中分泌在菌体外的代谢产物，亦可使害虫在短时期内中毒死亡，这一类物质称为外毒素。我国多地实践表明，苏云金杆菌生长快、芽孢数多、伴孢晶体毒性强，对松毛虫毒杀率高。

苏云金杆菌在微生物杀虫剂中见效最快，喷菌后 1～2 d 松毛虫即停食，3～4 d 大部分死亡，7 d 内可达到死亡高峰；杀虫范围广，对多种鳞翅目昆虫有效；易于长期保存、不受高温干旱限制，是松毛虫综合防治中的重要微生物杀虫剂之一。

(1)生产工艺。菌种原种→摇瓶一级种→种子罐培养→发酵罐工业生产→离心或板框压滤浓缩→沉淀物→制剂(水剂、乳剂、油乳剂)→喷粉塔干燥或乳糖丙酮抽虑干燥→粉剂→液剂。

(2)苏云金杆菌剂型。苏云金杆菌的防治效果并不完全决定于菌剂所含活性成分的多少，剂型亦有重要影响。

目前常见的有液剂(包括水剂、乳剂、油乳剂、油剂)、粉剂、可湿性粉剂和颗粒胶囊剂等。水剂、乳剂、可湿性粉剂中加有展着剂、湿润剂和黏着剂，能均匀牢固地黏着在植物的表面，避免被雨水、露水冲刷掉或被风吹落于土中；粉剂可借助于空气浮力和风力传播扩散至较大范围，以利于同害虫接触；颗粒剂可以使有效成分缓慢地释放出来以保持长期的效果；胶囊剂不仅有较长期的后效，而且保护病原体不受环境因子的伤害。这几种剂型各有利弊，而且使用方法各异，用户可根据实际情况使用相应的剂型。

（3）使用方法。松毛虫的摄菌量和环境温度决定着杀虫效果，所以，施菌方法和施菌时机显得特别重要。一般情况下，环境温度不要低于 10 ℃，若环境温度较低，要想达到理想的效果，可适当加入低剂量的化学杀虫剂（敌百虫、敌敌畏、氧化乐果、马拉松、菊脂类、辛硫磷、灭幼脲等），但有些农药应在使用时加入。喷雾（特别是超低容量喷雾）比喷粉的防治效果好，雾滴均匀、黏附性好，喷粉浪费较大，而且黏附性差。粉剂宜在早晚较潮湿的情况下使用。苏云金杆菌残效期 6~12 d。

四、利用质型多角体病毒防治

质型多角体病毒（Cytoplasmic Polyhedrosis Virus，简称 CPV）是一类能产生病毒粒子，病毒粒子包埋在多角体（Cytoplasmic Polyhedrosis Body，简称 CPB）中，并对松毛虫具有毒害作用的病毒。松毛虫感染该病毒后，表现出食欲不振、行动迟缓，继而停食、躯体略缩小、腹大尾尖、毛长，亦有卷曲等症状，病虫体色不变，拉稀，尾端粘有白色粪便，从肛门排出含有多角体的黏液。幼虫死亡前胸足可微动，病虫多跌落地面，死亡后皮肤仍坚韧不破，病虫体内各器官仍清晰可辨，色泽基本不变，但脂肪逐渐减少。质型多角体病毒在防治松毛虫方面效果较好且比较安全，突出的优点表现为：具有流行病学特点，能较长时期存在于松毛虫种群内，效果持久；松毛虫不易产生抗性；具有选择性，即使有交叉感染，其寄主范围亦较狭窄。

病毒防治松毛虫的最大优点是对宿主专一性较强，对松毛虫天敌没有直接杀伤作用，能较长时间存在于松毛虫种群内，可一代代在松毛虫种群内经卵垂直传递，持续感染松毛虫，使松毛虫种群数量和质量长期保持较低水平。

（1）生产方法。松毛虫病毒的生产均需在活体上或活细胞内进行复制，目前广泛采用的方法有：

①利用林间自然种群为宿主，经接种而取得大量病毒，这种方法虽受一定的时间限制，但它不需大量养虫和较多的复杂设备。

②林间套袋方式，即用尼龙纱袋罩住一定数量的枝叶，接种病毒后投放大龄幼虫，两星期后回收病虫。

③采用塑料薄膜围栏集虫方法，是以塑料薄膜热合而成，规格为 100 cm×200 cm×80 cm，四角用插杆支撑固定，下用土压实，防止幼虫爬跑，围栏内设一悬挂松枝的支架，每栏大约可投放 5~7 龄幼虫 7000~8000 头，接种病毒浓度为 1×10^7~5×10^7 CPB/ml，每围栏喷 700~800 ml，15 d 时即可采收病虫，有条件时可在围栏上方设置遮阴防雨塑料薄膜或彩条带。

④以人工饲料饲养棉铃虫（*Helicoverpa armigera* Hubner）（替代宿主）增殖病毒，可使病毒生产达工业化水平，但此法生产的病毒产品成本较高，生产单位难以接受。

（2）生产工艺。林间自然种群或林间活虫围栏或棉铃虫人工饲料养虫→接毒→回收感病活虫→捣碎→过滤→离心沉淀→50%中性甘油制剂→4 ℃保存。

（3）使用技术。昆虫病毒的喷洒宜于早晨和黄昏时或阴天进行，以防止日光的影响。病毒复制宜选大龄虫，而林间防治松毛虫，虫龄越低效果越好。病毒与苏云金杆菌或与低剂量的化学杀虫剂混用是目前较常采用的一种方法，这样便可弥补病毒杀虫速度慢的不足，而且这种复合制剂在任何虫龄和虫口密度条件下使用，同样可以达到理想的持续控制松毛虫灾害的效果。病毒的使用剂量可根据温度在 750 亿～3000 亿 CPB/hm^2 调整（单独使用病毒），若与苏云金杆菌混用，则病毒用量可降低 80%，最低气温不宜低于 10 ℃，最高气温不宜高于 35 ℃。

（4）喷洒方法。以地面或飞机进行超低容量喷雾（或低量、常量），也可进行喷粉，但喷粉浪费严重效果也不如喷雾好。

五、利用益鸟防治

我国捕食松毛虫的鸟类有 115 种，这些食虫鸟类尤其在混交林中对抑制松毛虫的数量增长起着重要的作用，效果较明显的有大山雀（*Parus major*）、灰喜鹊（*Cyanopica cyana*）、黑枕黄鹂（*Oriolus chinensis*）。采用人工保护、招引和驯化等手段，可提高林内食虫鸟类的种群数量，起到降低松毛虫虫口的作用。利用食虫鸟防治松毛虫，具有成本低、效果长、无污染等优点。在经营管理条件较好的林区，可作为生物防治中的一项重要内容，大力开展招引益鸟的工作，长期坚持必定会对松毛虫防治起到良好的效果。

综上所述，利用生物方法防治松毛虫，不会产生环境污染，这是使用化学方法防治所无法比拟的，因此具有广阔的发展前景，但同时也具有防治速度慢、效果不显著等特点，在实际应用过程中，要做到：①注重理论创新，从多个角度揭示松毛虫危害的机制，进而指导生物防治工作。例如以"松树—松毛虫—寄生蜂或蝇"三级营养系统为研究对象，研究该系统的化学通讯关系和机制，开发诱导活性强的化学通讯组分物质，在充分利用自然生态系统调控作用的过程中，探讨天敌控制的新思路。②注重多学科领域的交叉互补，将传统的动力理论、统计理论和混沌理论与一些新的数学计算技术相结合，形成害虫分类、预测新途径。如利用遥感（RS）监测技术、地理信息系统

(GIS)技术实现松毛虫灾害的准确预测。③加强人工干预，营造混交林，改造林地生境，因地制宜地选择适合本地区的生物防治方法。如适时补植中间寄主，保护林区内松毛虫的天敌数量等。

总之，松毛虫生物防治作为一种重要的防治手段，必定会对松毛虫防治带来巨大的帮助。只有将生物防治作为主要手段，辅以其他防治手段，并与新技术、新手段相结合，因地制宜，才能获得最佳的经济效益和环境效益。

第二章
松毛虫病毒研究进展

　　松毛虫病毒具有很强的专一性，对环境和非靶标生物安全，是一种理想的病原微生物杀虫剂。我国是世界上松毛虫分布面积最多的国家，20 世纪 50 年代以来对松毛虫的防治主要经历了人工防治、化学防治和综合治理 3 个阶段。进入 21 世纪，随着人们对保护生态环境意识的增强和有害生物持续控制认识的提高，利用病原微生物控制害虫已取得显著成效。

第一节　松毛虫病毒种类及应用概况

　　我国早期的昆虫病毒研究始于"三蚕"即家蚕(*Bombyx mori* Linnaeus)、柞蚕和蓖麻蚕[*Philosamia cynthia ricini*(Donovan)]脓病病毒。20 世纪 60 年代对黏虫核型多角体病毒研究已涉及病毒组织病理学、病毒生物学性质和病毒形态结构。20 世纪 70 年代和 80 年代，是我国昆虫病毒研究发展最快的时期，我国从事昆虫病毒研究的队伍迅速壮大。很快就从多种昆虫中分离出多株病原病毒，其中多株为国际上首次报告。90 年代中国科学院武汉病毒所彭辉银等仅在一年期间就在我国西南地区分离鉴定了 17 种昆虫病毒。

一、松毛虫病毒的主要种类

　　迄今从 10 种松毛虫体内分离获得了 5 种病毒，分别是：质型多角体病毒 (Cytoplasmic Polyhedrosis Virus，CPV)、核型多角体病毒(Nucleo Polyhedro Virus，NPV)、颗粒体病毒(Granulosis Virus，GV)、浓核病毒(Denso Virus，DNV)及其 T4 病毒(Tetra Virus)。赤松毛虫 CPV(Japan *Dendrolimus spectabilis* CPV，J-DsCPV)是由日本注册的世界上的第一个 CPV。目前已从 10 种松毛虫中分离到松毛虫病毒，详见表 2-1。

表 2-1　松毛虫病毒的种类

病毒种类	分离宿主	采集地	分离时间	采集人或机构
DpCPV1984	马尾松毛虫 *Dendrolimus punctatus*	中国广东	1984	曾陈湘和吴若光
DpCPV 1973	马尾松毛虫 *D. punctatus*	中国广东	1973	广东林业科学研究院
DpTV	马尾松毛虫 *D. punctatus*	中国云南	2005	易福明
DpNPV	马尾松毛虫 *D. punctatus*	中国广州	1974	中山大学生物学系
DpGV	马尾松毛虫 *D. punctatus*	中国辽宁	1978	王用贤等
DpDNV	马尾松毛虫 *D. punctatus*	中国河南	2002	王平俊
DpwCPV W1984	文山松毛虫 *D. punctatus wenshanensis*	中国云南	1983	陈世维等
DpwNPV	文山松毛虫 *D. punctatus wenshanensis*	中国云南	1987	王用贤等
NPV	昆明小毛虫 *Cosmotriche kunmingensis*	中国云南	1991	王用贤等
Dk CPV	思茅松毛虫 *D. kikuchii*	中国云南	1996	曾述圣等
Deki NPV	思茅松毛虫 *D. kikuchii*	中国云南	2009	Yang et al.，2011
Dpt CPV	德昌松毛虫 *D. punctatus techchangensis*	中国四川	1985	张珈敏等
Ds NPV	落叶松毛虫 *D. superans*	中国大兴安岭	1999	王立纯等
D. superans CPV	落叶松毛虫 *D. superans*	中国大兴安岭	1992	贾春生
Ds CPV-1	赤松毛虫 *D. spectabilis*	日本	1956	Slizynski and Lipa
Ds CPV J1995	赤松毛虫 *D. spectabilis*	日本	1995	Nuguchi
Ds CPV SD1979	赤松毛虫 *D. spectabilis*	中国山东	1979	陈延伟和徐玲玫
Dt CPV	油松毛虫 *D. tabulaeformis*	中国辽宁	1977	辽宁省林科所
D. pini CPV	欧洲松毛虫 *D. pini*	波兰	1971	Slizynski and Lipa

二、国内外松毛虫病毒的应用

昆虫病毒作为一种生物杀虫剂，具有潜在的应用前景。与化学农药相比，昆虫病毒杀虫剂具有很多优点。

首先，昆虫病毒本身就是自然界长期存在的，特别如杆状病毒，只感染昆虫纲，对人体、畜禽、鱼虾等安全无害，不会造成环境污染问题。其次，病毒的宿主特异性高，人工散布后可引起害虫种群内病毒病大流行，而不会因杀灭害虫天敌而造成害虫再猖獗和次要害虫大发生。第三，昆虫病毒使用的后效作用明显，因为病虫本身即是繁殖病毒的"小工厂"，其尸体成为新的传染源，遇到适当的条件即可造成再次病毒病大流行，同时有些病毒还能通过带毒成虫产下的卵传染次代幼虫引起子代感染发病，可经常性地控制虫口密度。

然而昆虫病毒杀虫剂的缺点也很明显。一是杀虫速度缓慢，害虫发病至死亡这段时间，作物仍会受到轻度危害；二是病毒特异性强，寄主范围窄，大多数病毒只能感染一种害虫，当同一种作物有不同种害虫同时存在时，尚需辅以其他防治措施。针对这些缺点，应用基因工程技术，把一些昆虫特异性毒蛋白基因如昆虫特异性蝎毒素、苏芸金杆菌杀虫毒蛋白基因导入天然病毒，或者改变病毒本身的基因结构，可以显著提高防治效果，拓宽昆虫病毒杀虫剂的杀虫谱。1975 年，从杆状病毒研制的病毒杀虫剂，第一次获得注册，并在市场上出售，用于防治害虫。据不完全统计，截至 2019 年，全世界登记注册的病毒杀虫剂共有近 40 个品种，其中美国 8 种，欧盟 8 种，俄罗斯 11 种，中国 7 种。

根据文献，最早从松毛虫中发现的病毒是 1971 年 Shvedchikova 和 Tarasevich 分离的颗粒体病毒。稍后，中山大学和广东林业科学研究所在广州市郊区发现了马尾松毛虫质型多质体病毒（DpCPV），这是第一个在马尾松毛虫中发现的病毒，也是我国首次发现的松毛虫病毒。自 1977 年以来，我国先后从赤松毛虫、油松毛虫、文山松毛虫和德昌松毛虫中分离获得 CPV，从德昌松毛虫和云南松毛虫中分离获得 NPV，从马尾松毛虫中分离获得 DNV，先后从松毛虫中分离获得 CPV、NPV、GV 以及 DNV 等 4 种不同类型的松毛虫病毒，其中仅从马尾松毛虫中就分离获得了 CPV、GV 和 DNV 等 3 种病毒。

早期对松毛虫病毒的研究主要是从防治松毛虫及病毒分类的初步鉴定的角度出发，对多角体病毒及其他病毒粒子的形态结构，组织细胞病理和理化特性等进行研究。与其他昆虫病毒相比，松毛虫病毒的分子生物学研究明显滞后。最近几年才开始出现对松毛虫病毒的结构与功能、基因组组织等的研究报道，2012 年杨苗苗完成了思茅松毛虫核型多角体病毒及全基因组核苷酸全序列测序工作。

松毛虫病毒杀虫剂应用最多的是松毛虫 CPV，其次为松毛虫 NPV，其他病毒相对较少。1976 年，日本利用赤松毛虫 CPV，注册了世界上第 1 个细胞质多角体病毒的杀虫剂 J-Ds CPV，使用效果良好。20 世纪 70~80 年代，苏联和我国先后分别引进该病毒用于防治欧洲松毛虫($D.\ pini$)、西伯利亚松毛虫($D.\ sibiricus$ Tschtv.)和马尾松毛虫，起到了很好的防治效果；我国利用 J. DsCPV 很好地控制了台湾省的马尾松毛虫，持续控制效果长达 10 年之久，同时也很好地控制了我国大陆地区马尾松毛虫、文山松毛虫和赤松毛虫等的发生。1975—1976 年广州利用松毛虫 NPV 进行的大面积防治，1985—1988 年在云南省利用松毛虫 CPV 防治文山松毛虫和云南松毛虫试验，均取得了显著的防治效果。曾述圣等(2000)利用思茅松毛虫 CPV 粉剂防治 3~5 龄思茅松毛虫幼虫和 3~5 龄文山松毛虫幼虫，防治效果显著。蔡文翠等(2004)用 2.025×10^{11} CPB/hm^2 的松毛虫 CPV 防治思茅松毛虫，大面积推广取得了明显的经济、生态和社会效益。彭辉银等(2000)研制了文山松毛虫 CPV 杀虫剂 DpwCPV-HL，该制剂对非靶标生物安全，防治 2 龄马尾松毛虫幼虫效果显著。龙富荣等(2004)采用云南松毛虫 NPV($15~30$ kg/hm^2)防治 3~5 龄云南松毛虫幼虫，取得了很好的防治效果。彭辉银等(1998)利用携带 CPV 的松毛虫赤眼蜂($Trichogramma\ dendrolimi$)防治马尾松毛虫，试验结果显示，携带松毛虫 CPV 的松毛虫赤眼蜂防治松毛虫比未携带 CPV 的赤眼蜂的防治效果要好。携带 CPV 的赤眼蜂可增加松毛虫幼虫的死亡率，同时也可节省病毒的用量。胡光辉等(2002)利用 Bt-DCPV 复合微生物杀虫剂防治文山松毛虫发现，林间应用最适的 Bt+CPV 复配浓度是 6.0×10^7 孢子/ml+4.0×10^5 CPB/ml，死亡率可达 82.08%。松毛虫 CPV 所表现出的综合效应及在林间的持续控制效应是许多杀虫剂达不到的。此外，我国学者对松毛虫 CPV 油剂超低容量林间作业技术、防治技术、增殖方法、生产及其应用技术等方面亦做了大量研究。

第二节　云南省松毛虫种类及松毛虫资源状况

云南省地处我国西南边陲，位于北纬 21°09′~29°15′，东经 97°39′~106°12′之间，属于低纬度地带。云南省的地势复杂，气候温暖，生物资源丰富，植物种类繁多，特别是昆虫病原微生物资源潜力极大。1978 年以来，云南省从松毛虫自然感病虫尸中分离到 6 种病毒。于 1984—1994 年，先后应用推广松毛虫质型多角体病毒防治文山松毛虫、云南松毛虫及思茅松毛虫 4282.3 hm^2，当年防治效果 70.0% ~ 92.8%，持续感染效果明显。文山松毛虫质型多角体病毒致病力强，毒力稳定，并具有继代感染的作用。现将云南省松毛虫病毒资源及其应用概述如下。

一、云南省松毛虫种类及病毒资源

(一)云南省的松毛虫种类

松毛虫是危害针叶林的主要害虫，全国已知种类有 27 个种和亚种，云南分布有 7 个种和亚种(侯陶谦，1987)：德昌松毛虫(*Dendrolimus punctatus teh-changensis* Tsai et Liu)、文山松毛虫、云南松毛虫、思茅松毛虫、高山松毛虫(*D. anguluata* Gaede)、双波松毛虫(*D. monticola* Lajonquiere)及丽江松毛虫(*D. rexlazonquiere* Lajonquiere)，其种数占我国已知松毛虫种类的 1/4 以上。

(二)我国松毛虫病毒资源

我国自 1973 年，广州中山大学和广东省林业科学研究所从马尾松毛虫虫尸中分离获得马尾松毛虫质型多角体病毒以来，先后在 6 个省已分离出 12 种病毒，其中云南占 6 种(表 2-2)(陈世维等，1997)。

表 2-2 我国已发现的松毛虫病毒的虫种及其病毒类型

	宿主名称	病毒类型	发现地区	文献来源
马尾松毛虫	*Dendrolimus punctatus*	CP	广东、广西	蒲蛰龙等(1973)
马尾松毛虫	*D. punctatus*	NPV	广东	蒲蛰龙等(1973)
油松毛虫	*D. tabulaeformis*	CPV	辽宁	张敬民等(1977)
赤松毛虫	*D. spectabilis*	GV	山东	陈廷伟等(1979)
赤松毛虫	*D. spectabilis*	CPV	山东、江苏	陈廷伟等(1979)
德昌松毛虫	*D. punctatus tehchangensis*	NPV	云南永仁	陈世维等(1980)
马尾松毛虫	*D. punctatus*	DNV	广西	梁东瑞等(1983)
德昌松毛虫	*D. punctatus tehchangensis*	CPV	云南永仁	陈世维等(1983)
文山松毛虫	*D. punctatus wenshanensis*	CPV	云南石屏	陈世维等(1983)
云南松毛虫	*D. houi*	NPV	云南昆明	梁东瑞等(1984)
思茅松毛虫	*D. kikuchii*	NPV	云南昆明	陈明树等(1985)
文山松毛虫	*D. punctatus wenshanensis*	NPV	云南宜良	朱应等(1986)

二、云南省松毛虫病毒研究及应用概况

(一)松毛虫病毒在云南省的应用

近几年来，云南省松毛虫病毒研究取得较快进展，对云南松毛虫、思茅松毛虫、文山松毛虫的 NPV 和文山松毛虫与德昌松毛虫的 CPV 都开展了研究。其中文山松毛虫 CPV 是主要研究对象，其研究内容有：形态结构及理化特性的研究(刘润忠等，1992)；进行了其毒力活性测定及安全性试验(陈尔厚等，1988)；陈世维，1987)。在 DpwCPV 大规模增殖及提取工艺方面也取得了围栏增殖松毛虫病毒和改进病毒提取技术等成绩(陈昌洁，1990)。

云南省从 1984—1994 年，应用松毛虫病毒先后在文山、建水、石屏、弥勒、江川、禄丰、路南及易门等地(州)县林区进行文山松毛虫、云南松毛虫及思茅松毛虫防治，效果显著。11 年来病毒的应用推广面积达 4282.3 hm² 的实践说明，应用松毛虫病毒防治松毛虫后，一般当年防治效果均在 70% 以上，且能控制松毛虫种群 3~5 年不成灾(表 2-3)。

表 2-3　1984—1994 年 DpwCPV 病毒在云南应用推广面积及效果

年份	地点	病原	面积(hm²)	防治效果(%)	持续未成灾年限(年)
1984	文山县红旗林场	JDs-CPV	3.3	83.0	3
1985	弥勒市竹园林场	DpwCPV	76.3	87.0	5
1986	弥勒市竹园林场	DpwCPV	106.9	92.8	5
1987	开远市中和营林场	JDs-CPV	425.1	70.4	3
1988	江川县翠峰林区	DWP CPV	374.5	85.2	4
1989	建水县西庄林区	DWP CPV	574.6	86.0	3
1990	江川县张官营林区	JDs-CPV	169.4	85.0	4
1991	石屏县坝心林区	DWP CPV	695.2	90.1	3
1992	石屏县昌合林区	DWP CPC	899.9	84.3	3
1993	建水县野马林区	DWP CPV	474.2	70.0	3
1994	石屏县牛达林区	DPV CPV	483.3	85.0	2

注：持续不成灾标准是有虫株率不超过 15%，每株虫口数低于 10 头。

云南省林业科学院松毛虫病毒课题组与复旦大学病毒研究室协作，应用免疫学方法对 DpwCPV 防治林间松毛虫的林间感染力及效果的持续性进行深入研究。在制备 DpwCPV 的单克隆抗体的基础上，使用酶联免疫(ELISA)技术，对云南省林区使用病毒防治过松毛虫不同年限的 5 个样品的松毛虫体内病毒 OD 值进行检测(表 2-4)，证明应用 DpwCPV 病毒防治文山松毛虫 5 年

后，其持续感染效果明显，松毛虫病毒能有效控制林间有虫不成灾。一般防治时间晚，林地条件好，郁闭度在 0.6 以上有利于病毒在林间保存，平均每头松毛虫含有病毒 OD 值较高。

表 2-4　云南林区不同年限 5 个样品的松毛虫体内病毒数量

地点	郁闭度	虫	DpwCPV 防治时间	采集时间	OD 平均值
石屏县白浪林区	0.6	文山松毛虫	1990-03-15	1994-02-18	0.20
江川县云萍林区	0.6	文山松毛虫	1991-03-26	1994-02-20	0.52
路南县绿水塘林区	0.7	文山松毛虫	1992-04-24	1994-03-02	0.94
禄丰县洪流林区	0.6	德昌松毛虫	1993-04-16	1994-02-26	0.78
禄丰县温泉林区	0.6	德昌松毛虫	1993 年*	1994-02-24	0.82

注：*为自然感病；该表中采集活虫数均为 30 头。

(二)云南省松毛虫病毒应用前景

云南省从 1978 年开始松毛虫病毒的研究，DpwCPV 病毒是 1983 年在滇南林区松毛虫自然感病的虫尸中分离获得，为我国首次发现。经过 13 年的研究和应用，证明其效果显著。DpwCPV 病毒除对原宿主文山松毛虫致病力强外，还对云南松毛虫、思茅松毛虫、德昌松毛虫、马尾松毛虫及赤松毛虫均感染效果显著。

云南省每年松毛虫发生面积达 6.7 hm^2 左右，约占全省森林虫害发生面积的一半，是云南省最严重的森林虫害。估计松毛虫每年造成的立木生长量损失达 0.9 万 m^3，每年经济损失约为 4000 万元。应用松毛虫病毒制剂防治松毛虫，其防治成本比烟雾剂低，还能在林间持续感染，扩散流行，防治一次，可控制松毛虫 3~5 年不成灾，其对人畜安全，不污染环境，为任何化学农药所不及。应用文山松毛虫 CPV 病毒制剂防治松毛虫具有广阔的前景。

第三节　松毛虫病毒的交叉感染研究

宿主特异性是病毒杀虫剂的一大特点。该特点在害虫综合管理中具有十分重要的地位，它有利于生境的相对平衡，对害虫的持续控制将发挥重要作用。病原对非目标宿主的交叉感染，将提供这方面的有益信息，并作为防治的依据。为此，云南省林业科学院的科研人员在 1982—1984 年间先后利用日本松毛虫 CPV（Japan *Dendrolimus spectabilis* CPV，JDs-CPV）对危害松树（*Pinus*）、桉树（*Eucalyptus*）等林木和蔬菜上的 11 种昆虫进行了感染试验。

供试病原，中国林业科学科院昆虫室于 1982 年 6 月提供部分 JDs-CPV 病毒在马尾松毛虫上复制的病毒制品，其病毒产品含量为 90 亿 CPB/ml。

在云南主要林区采集云南松毛虫、思茅松毛虫、文山松毛虫和德昌松毛虫的 3~4 龄或 5~6 龄幼虫，于室内饲养，待其幼虫生长正常后，挑选健壮的幼虫供试验。各虫种均设有对照。利用 JDs-CPV 感染了云南林区鳞翅目（Lepidioptera）和膜翅目（Hymenoptera）的 11 个虫种，其中枯叶蛾科（Lasioca)）6 种：云南松毛虫、思茅松毛虫、德昌松毛虫、文山松毛虫、绿黄毛虫（*Trabala vishnou* Lefebure）和高山小毛虫（*Cosmotriche saxnsimilis* Lajonquiere）；粉蝶科（Pieridae）菜青虫（*Pieris rapae* Linne）；灯蛾科（Arctiidae）褐点粉灯蛾（*Alphaea phasma* Leech）；刺蛾科（Limacodidae）绿刺蛾（*Latoia* sp.）；螟蛾科（Pyralidae）菜螟（*Hellula undalis* Fabricius）；松叶蜂科（Diprionidae）楚雄新松叶蜂（*Neodiprion chunxiongensis* Xiao et Zhou）。

试验病毒悬液浓度设计为 1×10^6 CPB/ml，病毒悬液中不添加其他物质。选择长短一致的松枝，长度约 40 cm 的枝条，用自来水清洗干净其表面的尘埃后，阴干 30 min。病毒悬液的喷洒以不滴水为度，阴干 30 min 后喷洒病毒液，放入铁纱笼内饲喂松毛虫的幼虫。每个处理 50 头幼虫，喂食饲养 24 h 后更换新鲜松枝。对照喷洒清水。在每次更换枝叶时观察其幼虫取食量、幼虫活动习性、粪便颜色、虫体变化，并解剖观察感病特征，镜检有无多角体。

一、发病症状

试验结果表明 JDs-CPV 交叉感染云南 4 种松毛虫幼虫，均在 7 d 后逐渐表现出病毒的感病症状。幼虫感病后其取食量开始减少，常常爬在松针上或针叶间不动，幼虫发育延迟。12 d 后，幼虫停止取食，对外界刺激反应迟钝（其健康幼虫每当外界有响动的声音，幼虫头部立即抬起），幼虫肛门常粘一粒灰白色粪便，虫体缩短到正常幼虫体长的 1/3 或 2/3 左右。感病幼虫中肠发白、缩短、多皱，镜检时有大量多角体。JDs-CPV 对鳞翅目的 6 种幼虫均有致病性，高山小毛虫和绿黄毛虫感病特征与松毛虫属的 4 种松毛虫感病症状一致。用 JDs-CPV 感染松叶蜂等其他 5 种昆虫的幼虫，结果无感病症状，均正常取食、生长。

二、感病死亡率比较

由表 2-5 结果看出，JDs-CPV 对云南松毛虫、思茅松毛虫、文山松毛虫、德昌松毛虫、高山小毛虫和绿黄毛虫交叉感染出现的死亡率分别为 72.5%、

49.3%、57.3%、64.7%、67.7%和83.3%。说明 JDs-CPV 对云南省的4种松毛虫及高山小毛虫和绿黄毛虫都有较好的致病力。从4种松毛虫死亡率来看，处理浓度均为 1×10^6 CPB/ml，云南松毛虫、文山松毛虫和德昌松毛虫的虫龄比思茅松毛虫大2龄，但致病力比思茅松毛虫分别高 23.9%，7.5% 和 13.1%。JDs-CPV 对楚雄新松叶蜂等5种非目标昆虫无感染作用。除亲缘关系相近(鳞翅目)的松毛虫属的4个种以及高山小毛虫和绿黄毛虫可以被感染之外，其他5种昆虫均未被感染。

表2-5　JDs-CPV 交叉感染11种昆虫的死亡率比较(陈世维，1988)

供试寄主	试验内容	重复次数	虫龄	浓度(CPB/ml)	感染情况					镜检结果
					总虫数(头)	活虫数(头)	死虫数(头)	死亡率(%)	校正死亡率(%)	
云南松毛虫	处理	4	5~6	1×10^6	200	55	145	72.5	71.7	有大量 CPV
	对照	3	5~6	清水	150	142	8	5.0		无 CPV
思茅松毛虫	处理	3	3~4	1×10^6	150	76	74	49.3	47.2	有大量 CPV
	对照	1	3~4	清水	50	46	4	4.0		无 CPV
文山松毛虫	处理	3	5~6	1×10^6	150	64	86	57.3	54.7	有大量 CPV
	对照	3	5~6	清水	105	99	6	5.7		无 CPV
德昌松毛虫	处理	3	5~6	1×10^6	150	53	97	64.7	60.3	有大量 CPV
	对照	3	5~6	清水	105	93	12	11.4		无 CPV
高山小毛虫	处理	5	3~4	1×10^6	472	152	320	67.7	62.2	有大量 CPV
	对照	1	3~4	清水	104	89	15	14.4		无 CPV
绿黄毛虫	处理	2	5~6	1×10^6	30	5	25	83.3	83.3	有大量 CPV
	对照	1	5~6	清水	15	15	0	0		无 CPV
楚雄新松叶蜂	处理	2	4~5	1×10^6	139	139				无 CPV
	对照	1	4~5	清水	11	11				无 CPV
褐点粉灯蛾	处理	4	5~6	1×10^6	200	200				无 CPV
	对照	1	5~6	清水	25	25				无 CPV
绿刺蛾	处理	1	5~6	1×10^6	23	23				无 CPV
	对照	1	5~6	清水	20	20				无 CPV
菜青虫	处理	4	3~4	1×10^6	120	112	8	6.6		无 CPV
	对照	2	3~4	清水	60	57	3	5.0		无 CPV
菜螟	处理	1	3~4	1×10^6	30	28	2	7.0		无 CPV
	对照	1	3~4	清水	20	18	2	10.0		无 CPV

三、结 论

JDs-CPV 病毒悬液的 1×10^6 CPB/ml 浓度对云南省的 4 种松毛虫添食后的死亡率为 49.3%~72.5%。根据对 4 种松毛虫感染后所得到的病毒多角体，其外部形态与 JDs-CPV 原病原无明显的差异。试验结果证明 JDs-CPV 对云南省松毛虫属的 4 种松毛虫及绿黄毛虫和高山小毛虫具有致病力。交叉感染本身，是一个十分复杂的问题，也可能存在对某一种病毒的诱发，仅仅获得一种多角体还不宜下结论为真正的交叉感染，因此，尚需要进一步开展研究，但是，其感染出现较高的死亡率这是肯定的，说明 JDs-CPV 可用于上述 4 种松毛虫的林间防治。

与此同时，JDs-CPV 对其他 5 种昆虫(菜青虫、褐点粉灯蛾、绿刺蛾、楚雄新松叶蜂、菜螟)未表现出致病性，证实 JDs-CPV 具有一定程度的寄主专一性，与化学杀虫剂相比，应该说是一个优点。交叉感染的试验今后还需涉及除宿主外的更多其他昆虫，以期为松毛虫综合管理提供进一步的数据。

第三章
松毛虫质型多角体病毒概述

1983 年，陈世维等（1986）首次从云南省红河哈尼族彝族自治州（以下简称"红河州"）个旧市石岩寨林场和石屏县坝心林场越冬代自然催病死亡的文山松毛虫中分离到一种质型多角体病毒（*Dendrolimus punctatus wenshanensis* Cytoplasmic Polyhedrosis Virus，简称 DpwCPV）。并对该病毒进行了病症、多角体及病毒粒子的一般形态大小、组织病理、林间防治等研究。

第一节　松毛虫质型多角体及病毒粒子结构和功能

DpwCPV 来源于云南省林业科学院。取被 DpwCPV 感染的文山松毛虫中肠组织，匀浆器 13000 r/min 匀浆 3 min，脱脂棉过滤。400 r/min 离心 10 min 收集多角体，然后置 40%～65%（W/W）蔗糖梯度上端，100000 xg 离心 1.5 h 后，吸出多角体带，双蒸水洗涤脱糖。病毒粒子的分离纯化参照 Cuninghan（1986）的方法，以分离获得纯净病毒粒子。分别取纯净多角体及纯化病毒粒子，经 2% PTA 负染后，JEM–100C 型透视电镜观察，另取多角体滴于铜网上，黄金喷涂，KYKY-amary 1000B 型扫描电镜观察。多角体蛋白和病毒粒子结构蛋白的 SDS–PAGE 分析及分子量测定 10% SDS–PAGE 按 Payne 和 Tinsleyl（Payne，1974）的方法略作修改，以 Tris-甘氨酸（pH 8.8）为电极缓冲液。

一、DpwCPV 多角体的形态结构

DpwCPV 多角体形态结构从透射电镜观察多角体有六边形、四边形及近圆形（图 3-1），大小差异较大。我们统计了 67 个多角体的直径数据，其大小在 0.47～2.45 μm 之间，平均大小 1.1 μm。在扫描电镜下，大部分多角体为六角形的多面体。

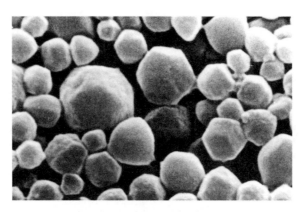

图 3-1　DpwCPV 多角体形态

　　病毒粒子呈球形，大小一致，直径约 60 nm。其粒子排列呈典型的二十面体，图象表面有六个突起清晰可见（图 3-2）。放大图像，可见其亚单位排列。病毒粒子无囊膜，致密的核心区由一层衣壳包裹，但无类似 Reovirus 的外壳包裹在外面。病毒粒子中有一部分为空壳，推测为病毒复制装配中没有包装核酸所致。

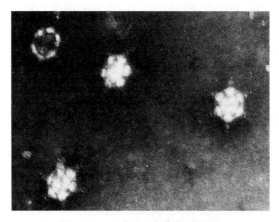

图 3-2　DpwCPV 病毒粒子形态

　　Coulibaly 等（2007）观察感染 CPV 的昆虫，发现在病毒感染后期，质型多角体病毒存在晶体结构内。这种晶体结构由质型多角体病毒基因组的第 10 条片段编码的蛋白组成，该结构被命名为质型多角体。质型多角体一般呈现为六角形二十面体，由多角体蛋白组成。多角体蛋白通过非共价键相互连接形成三聚体，三聚体通过非共价作用互相交联，折叠构成三维立方体结构。这种晶体结构具有类似于抗原-抗体复合物的分子互补结构，可为病毒粒子的传播提供保护。

二、质型多角体及病毒粒子的功能

多角体蛋白在 CPV 的致病机制中的作用非常重要，一方面，质型多角体能够帮助病毒粒子免受不利环境条件的影响，如严重脱水、反复冻融、强酸、高浓度的尿素和离子去污剂等；另一方面，在昆虫体内的碱性蛋白酶作用下，多角体可以发生溶解，帮助 CPV 释放出病毒粒子。

质型多角体病毒粒子的结构为球状的正二十面体，直径 60~70 nm，在病毒粒子表面有 12 个柱状突起。研究表明，突起可能的作用在于识别和吸附昆虫中肠上皮细胞膜，为 CPV 基因组 RNA 注入细胞提供通道。

CPV 具有单层衣壳，主要由衣壳蛋白（Capsid shell protein，CSP），大突起蛋白（Large protrusion protein，LPP）和塔状蛋白（Turret protein，TP）3 种结构蛋白组成。每个病毒衣壳由 60 个复制的 TP 和各 120 个复制的 CSP 和 LPP 组成。

质型多角体病毒主要感染宿主昆虫的中肠上皮细胞，当昆虫感染 CPV 后，多角体蛋白包裹的病毒粒子在肠道的碱性环境中被释放，并且经历 5 个过程，获得新的重组病毒。

首先，质型多角病毒的表面突起吸附到昆虫细胞表面，逐步与细胞膜紧密结合，质型多角病毒向细胞内注入遗传物质后，形成空的病毒粒子遗留于细胞表面，这一过程所需的时间为 10~60 min；其次，质型多角体病毒的 RNA 利用宿主细胞内的物质，完成 RNA 复制及病毒外壳蛋白的合成；再次，将新合成的 RNA 和病毒外壳组装成完整的病毒粒子；然后，在感染后期，合成新的多角体蛋白，将病毒粒子包裹其中；最后，细胞裂解，将新合成的多角体病毒释放出来。

第二节　质型多角体病毒在害虫防治方面的研究和应用现状

CPV 感染属慢性感染，被其侵染的昆虫直至死亡整个周期大概是 3~18 d。在昆虫罹病期间，进食量显著下降，虫体生长缓慢，行动迟缓。昆虫的呕吐物和粪便内含有大量的质型多角体病毒，然后可以感染其他健康虫。同时质型多角体病毒可以经虫卵感染昆虫的后代，致使后代存活率大大地下降。由此引起昆虫种群中的流行疾病，从而有效地控制宿主的种群数量，因此对森林害虫的防治具有非常重要的作用。

松毛虫质型多角体病毒（*Dendrolimus* Cytoplasmic Polyhedrosis Virus，DCPV）在防治松毛虫方面具有广阔的前景，同时由于其具有独特的分子生物学特性，近年来，国内外学者对 DpCPV 在分子生物学领域内的研究取得诸多进展。1999年，朱光旦等（1999）对纯化的 DpCPV 云南文山株的病毒粒子经 SDS-PAGE 分析发现：多角体蛋白有 30 kD 和 28 kD 两个主要成分，而病毒粒子结构蛋白经电泳分离出 120 kD、116 kD、110 kD、66 kD 和 33 kD 5 个组分，初步分析了松毛虫质型多角体病毒的蛋白组成。2003 年，Zhao 等（2005）完成了对 DCPV 的全基因组序列的测序工作，为研究病毒各基因组片段在翻译、表达及其相互作用等方面奠定了基础。此后，段兵和胡建芳等（2003）对松毛虫质型多角体病毒基因组第 8 片段进行序列分析和原核表达。凝胶迁移阻抑分析（EMSA）结果显示由 CPV 基因组第 8 片段编码的 P44 蛋白具有序列非特异性的 ssRNA 结合活性，且不与 dsRNA、ssDNA、dsDNA 结合；进一步研究发现 P44 氨基酸序列 116 到 197aa 之间的区域（富含谷氨酸区域）为单一的 RNA 结合区域。汪洋等（2004）对 DCPV 基因组第 7 片段进行了 cDNA 克隆及序列分析，推测 DCPV 第 7 片段编码了结构蛋白 VP5，并发现 LdCPV-1 较 BmCPV 与 DpCPV 可能有更高的亲缘性。目前对 DCPV 的研究主要集中在基因序列及结构的研究，但随着结构生物学与信息处理等新技术发展，对质型多角体病毒蛋白的结构学研究方面已取得突破性进展。通过分析质型多角体蛋白的结构与功能，可为后续研究 DCPV 蛋白的结构和功能指明方向。

国内外应用 CPV 防治林业害虫已有了许多成功的例子。首次采用 CPV 防治林业害虫始于 1974 年，型号为 J-DsCPV 的质型多角体病毒成为世界上第一个注册并使用的昆虫 CPV 杀虫剂，该型杀虫剂主要用于松毛虫的防治。该病毒制剂在苏联用于防治欧洲松毛虫和西伯利亚松毛虫，在我国台湾地区用于防治马尾松毛虫，均获得较好效果。我国利用质型多角体病毒防治害虫已取得可喜进展，山东地区利用赤松毛虫 CPV 大面积防治赤松毛虫，广东和云南分别利用马尾松毛虫 CPV 和文山松毛虫 CPV 防治松毛虫，都取得了满意的效果。

CPV 病毒制剂的生产与防治方法的原理是首先采用 CPV 病毒直接侵染目标昆虫，然后病毒在宿主体内大量增殖，最后收集昆虫尸体达到 CPV 制剂扩增的目的。林间围栏增殖是我国生产松毛虫病毒制剂的一种常用方法，利用该方法生产 CPV 病毒制剂的过程是：在塑料围栏中饲养目标害虫，通过事先制备好的病毒液感染害虫，回收病死虫提取病毒。该方法使用范围较广，但是受到环境因素影响较大（如林分的选择，季节与温度的因素等），因此有必要对质型多角体病毒进行更深入的研究以获得更有效的松毛虫防治方法。

第四章
DpwCPV 感染松毛虫及安全性试验

在病毒的利用研究中，病毒的繁殖是进行大面积防治试验和半自动化工厂式生产的重要环节，大量生产昆虫病毒有三个途径：用昆虫组织培养技术的办法，目前还未到能够被用于工业化规模生产病毒制剂程度；用人工饲料育虫的办法，国内已有实验生产或尚属实验生产阶段的实例；用采集饲料饲养昆虫的办法，常为国内广泛采用。

第一节　DpwCPV 感染文山松毛虫试验

1984 年 7—8 月，在文山松毛虫质型多角体病毒（DpwCPV）的发现之地——云南省石屏县坝心林场，因地制宜，用采集饲料室外饲养文山松毛虫的方法，小批量繁殖文山松毛虫质型多角体病毒（*Dendrolimus punctatus wenshanensis* Cytoplasmic Polyhedrosis Virus，简称 DpwCPV）。

一、DpwCPV 的繁殖

从林间采集文山松毛虫的 4~5 龄幼虫，置于铁纱笼，每天投放云南松（*Pinus yunnanensis* Franch）的新鲜枝叶一次，隔日清除松树的残枝与幼虫粪便。铁纱笼用直径与长度为 30 cm×50 cm 的铁纱、两端连接处用化纤布缝制而成（以便于扎紧笼口），将铁纱笼悬挂于铁线上，每笼装幼虫 300~500 头，共 22 笼。笼内感染 DpwCPV 的 8063 头幼虫，从第 8 d 起收集病死和濒死的幼虫（表 4-1）。

表 4-1 22 笼幼虫感染 DpwCPV 的效果

项目	日期(月-日)								
	07-25	07-27	07-29	07-31	08-02	08-04	08-06	08-07	合计
感病死亡(头)	0	0	0	284	1229	2232	784	1165	5694
自然死亡(头)	85	310	519	668	426	249	24	0	2274
结茧(头)	5	26	29	20	9	6			95

注：感染日期为 1984 年 7 月 3 日。

试验表明，用采集天然饲料室外饲养宿主昆虫——文山松毛虫的办法，可以批量生产质型多角体病毒。

二、DpwCPV 的粗提

分别收集感染 DpwCPV 的罹病而死和濒死的幼虫，当日剪取幼虫的中肠。所得中肠各装塑料瓶或玻璃瓶内，贮于冰箱中冷藏处理(林场无冰箱，瓶内中肠在常温下各放置 5~12 d 与 26~30 d)。

感染 DpwCPV 的病死虫中肠，分别加少量蒸馏水之后，用 YQ-3 型匀浆机以 3000 r/min 匀浆 30 min，加 10 倍体积的 pH 6.81 磷酸缓冲液搅拌，静置 24 h，置 LXJ-Ⅱ离心机以 500~1000 rpm 离心 5 min，弃掉沉淀，悬液(上清液)以同样转速再离心 5 min。将两次离心所得上清液(悬液)混合，取悬浮液在 LXJ-Ⅱ或 LD 4-2 离心机中以 3000 r/min 离心 30 min，弃掉上清液，取沉淀物加蒸馏水以同样转速离心洗涤 2 次，便可得黄白色病毒饴浆。低速离心的 DpwCPV 悬浮液沉淀，按上述再经过两次匀浆→离心→洗涤，仍可得黄白色饴浆，收集所得饴浆加少量蒸馏水，摇匀，即为粗提 DpwCPV，贮于冰箱冷藏，备用。

三、DpwCPV 的测定

从 5694 头与 9056 头病死虫的中肠中，离心后得到粗提液 DpwCPV 492 ml，吸取 1 ml，按 1:10 依次稀释，DpwCPV 粗提液分别稀释成 100 倍，血球计数板按常规测定所得病毒饴浆，DpwCPV 粗提液每毫升多角体含量均不低 2 亿 CPB/g。本次 DpwCPV 感染文山松毛虫试验，所测定感染 DpwCPV 的病死虫单虫含病毒多角体 2.2 亿 CPB。

多角体经 1%溴酚蓝液或稀释的姬姆萨染色液，用测微尺测定 DpwCPV 多角体的直径为 1.0~2.0 μm。

在本次繁殖病毒试验中，剪取罹病虫中肠和对其进行粗提，折合用工 74

个，每个工以 1.5 元计，每头病死虫成本不到一分钱。按常规每公顷喷洒病毒多角体 1000 亿~3000 亿 CPB 计，100 条罹病的死虫可用于林间防治松毛虫面积为 0.07~1.99 hm²。如果培训临工的采虫技能，增加其每日采活虫（600~6000 头）的数量；改善饲虫环境，提高单虫多角体含量，减少非感病幼虫死亡数量，增加大容量离心设备，连续批量生产，其病毒产品的成本将大幅度降低。

第二节　DpwCPV 的安全性试验

昆虫病毒用于生物防治在国内外日趋普遍，关于病毒杀虫剂的安全性问题，已经有一些研究报告表明：昆虫病毒对人畜和其他有益昆虫一般是安全的。

为了验证 DpwCPV 的安全性，进行其安全生产，开展了 DpwCPV 的安全性试验，采用 4 种参试动物进行安全性试验：①小白鼠（*Mus musculus*）：健康小白鼠 20 只，共分 5 组，每只重量 73~112 g（云南省兽医研究所提供）。②豚鼠（*Cavia porcellus*）：健康豚鼠 20 只，共分 5 组，每只体重 50~537 g（云南农业大学落梭坡饲养场提供）。③家鸡（*Gallus gallus domesticus*）：健康美国阿拔埃克（AA）鸡 20 只，每只体重 1500~2500 g（云南农大饲养组实验室提供）。④家兔（*Oryctolagus cuniculus f. domesticus*）：健康家兔 20 只，共分 6 组，每只体重约 3000 g（云南农业大学落梭坡饲养场提供）。上述所有供试动物运回实验室饲养一周后，经观察其健康状况良好者用于本试验。

采用云南省林业科学院森保所增殖的 DpwCPV 粗提液，多角体含量 2.5 亿 CPB/ml。本试验选用两种浓度进行感染：①低浓度：20000 CPB/g 体重；②高浓度：200000 CPB/g 体重。对小白鼠采用口服和皮下注射；豚鼠采用口服和腹腔注射；家兔采用口服、皮下注射和点眼；家鸡采用口服和肌肉注射等方法进行感染。

感染前检查每种试验动物的体重、体温，并测定血液中的红细胞数、血红蛋白浓度、白细胞数及白细胞分类计数。感染后连续观察 3 d，每天上午、下午进行体温测定，并观察动物的精神状态、食欲等有无变化。试验结束时（感染后 30 d），再次检查体温、体重，同时进行等二次血液检查，并将试验动物进行剖检作肉眼和病理组织的切片检查。

试验结果表明：

一、4 种试验动物的外部特征及血象

（1）小白鼠：从试验开始到结束，小白鼠的活动习性、精神状态、吃食饮水和粪便等均属正常，体重增加，红细胞数、血红蛋白浓度、白细胞数和白细胞分类计数等值均为正常变动范围（表 4-2、表 4-3、表 4-4）。在试验期内有3只雌小白鼠仍正常繁殖后代。试验后期，有两只小白鼠因相互厮打咬伤致死（均为对照组）。

（2）豚鼠：在试验的全过程中，豚鼠毛色光亮、举动敏捷、活泼、发育良好，吃食饮水、粪便等均正常，体重增加，有两只雌豚鼠亦发育良好，健康无病，正常生长，直到半年以后仍然健壮存活，并又繁殖了后代。试验豚鼠，先后两次进行血液检查，其红细胞数、血红蛋白浓度、白细胞数和白细胞分类计数均属正常变动范围（表 4-2、表 4-3、表 4-4）。

表 4-2　4 种试验动物接种病毒前后的体重变化

动物	感染途径	感染浓度（CPB/g 体重）	动物数（只）	体重（g）		体重增长量（g）	备注
				试验前	试验后		
小白鼠	口服	20000	3	24.6	25.5	0.8	
		200000	4	26.4	28.0	1.6	
	皮下注射	20000	3	24.5	24.8	0.3	
		200000	4	27.9	30.9	3.0	
	对照	0	6	25.5	29.6	4.1	咬伤致死 2 只
豚鼠	口服	20000	3	500.0	563.3	63.3	
		200000	4	537.5	578.8	41.3	
	腹腔注射	20000	3	496.7	518.3	21.6	
		200000	4	500.0	525.0	25.0	
	对照	0	6	206.2	263.3	57.1	
家兔	口服	20000	3	2550.0	2675.0	125.0	
		200000	3	2733.3	2816.7	83.4	
	皮下注射	20000	3	2770.0	3303.3	533.3	
		200000	3	3066.7	3200.0	133.3	
	点眼	20000	2	2000.0	2100.0	100.0	死亡 1 只
	对照	0	6	2385.0	2600.0	215.0	

（续）

动物	感染途径	感染浓度（CPB/g体重）	动物数（只）	体重（g）		体重增长量（g）	备注
				试验前	试验后		
家鸡	口服	20000	3	2300.0	3200.0	900.0	
		200000	4	1970.0	2900.0	930.0	
	皮下注射	20000	3	1793.3	2816.7	1023.4	
		200000	4	1835.0	2887.5	1052.5	
	对照	0	6	1981.7	3033.4	1051.7	

（3）家兔：从实验开始到结束，家兔全身毛发光泽、行动活泼，饮食、粪便、体温正常，眼结膜色泽正常，无分泌物，体重增加。血液检查：红细胞数、血红蛋白浓度、白细胞数和白细胞分类计数均属正常范围（表4-2、表4-3、表4-4）。此外，有6只母兔在试验期仍正常分娩。在试验初期有1只公兔因被母兔咬伤失血过多致死。

（4）家鸡：在整个试验期，家鸡羽毛丰满、光洁，鸣声响亮，活泼，食欲旺盛，生长发育良好，体温正常，体重显著增加。血液检查：红细胞数、血红蛋白浓度、白细胞数和白细胞分类计数均属正常变动范围（表4-2、表4-3、表4-4）。留下的部分试验鸡到产蛋期亦能正常产蛋，继续饲养至9个月时仍健壮存活。

表4-3　4种参试动物的血象检查结果

动物	感染途径	感染浓度（CPB/g）	红细胞总数（$\times 10^4 \text{mm}^3$）		血红蛋白浓度（g/100ml 血）	
			开始	结束	开始	结束
小白鼠	口服	20000	961.0	1088.0	19.0	20.0
		200000	1085.0	1191.0	18.8	19.7
	皮下注射	20000	953.0	1173.0	17.7	19.1
		200000	1033.0	1065.0	16.8	18.5
	对照	0	1113.0	1238.0	18.0	19.0
豚鼠	口服	20000	506.6	503.3	13.8	13.5
		200000	523.5	617.5	14.7	13.9
	腹腔注射	20000	506.6	626.6	14.0	15.3
		200000	552.5	591.3	14.6	13.7
	对照	0	579.2	618.3	15.0	15.5

（续）

动物	感染途径	感染浓度（CPB/g）	红细胞总数（×10⁴mm³）		血红蛋白浓度（g/100ml 血）	
			开始	结束	开始	结束
家兔	口服	20000	603.3	608.3	15.6	15.3
		200000	570.0	585.5	13.3	13.6
	皮下注射	20000	590.0	645.0	13.8	14.3
		200000	603.0	631.6	14.8	13.7
	点眼	20000	700.0	440.0	16.8	12.5
	对照	0	587.0	557.0	14.9	13.5
家鸡	口服	20000	341.6	335.0	11.5	10.7
		200000	310.0	345.0	10.4	10.9
	肌肉注射	20000	313.3	298.3	11.8	10.0
		200000	326.3	321.3	11.1	11.4
	对照	0	330.0	335.8	11.6	12.4

表4-4　4 种参试动物的血象检查结果

动物	感染途径	感染浓度	白细胞总数（×10³mm³）		白细胞分类计数（%）									
					嗜中性白细胞		嗜酸性白细胞		嗜碱性白细胞		淋巴细胞		大单核细胞	
			开始	结束	开始	结束	开始	结束	开始	结束	开始	结束	开始	结束
小白鼠	口服	低	13.6	18.6	24.0	23.0	0.7	0.3	0	0	74.0	76.0	1.7	1.0
		高	14.6	16.5	22.5	24.7	0.8	0	0	0	74.7	74.2	2.5	1.2
	皮下注射	低	13.2	13.5	25.7	23.0	1.7	0	0	0	71.3	73.0	1.3	1.7
		高	11.4	13.5	33.5	23.5	1.0	0	0	0	61.3	75.7	1.7	0.5
	对照		12.7	16.1	29.7	20.7	0.7	0	0	0	67.0	75.7	2.7	0.7
豚鼠	口服	低	9.1	9.3	38.7	27.7	0.3	3.0	0.3	0.3	58.7	65.3	2.3	4.0
		高	9.2	9.6	43.5	34.5	1.8	1.8	0	0	53.2	61.7	1.5	1.5
	腹腔注射	低	10.7	15.7	32.3	24.3	2.7	1.0	0	0	63.0	72.6	2.0	3.0
		高	8.5	14.0	41.7	36.2	2.0	1.3	0.5	0	54.5	60.5	1.0	1.7
	对照		8.0	8.7	27.2	21.7	1.7	0.8	0	0	69.3	75.6	1.5	1.8
家兔	口服	低	11.2	12.4	23.0	21.7	1.3	1.7	0.3	0	78.0	75.3	1.0	1.3
		高	10.5	13.1	35.5	13.5	0.5	1.5	1.0	0.5	61.0	82.5	2.0	2.0
	皮下注射	低	11.8	12.2	28.0	28.3	1.0	1.3	1.3	0	70.0	68.0	3.0	2.3
		高	11.6	12.2	29.0	18.0	0.7	1.7	0	0.3	71.3	77.3	2.0	2.7
	点眼	低	11.5	11.4	31.5	20.5	1.0	1.0	1.0	0	65.0	75.0	1.5	2.5
	对照		8.4	11.6	26.3	37.7	2.3	1.0	0	0.3	70.3	58.6	1.0	2.3

（续）

动物	感染途径	感染浓度	白细胞总数 ($\times 10^3\,mm^3$)		白细胞分类计数（%）									
					嗜中性白细胞		嗜酸性白细胞		嗜碱性白细胞		淋巴细胞		大单核细胞	
			开始	结束	开始	结束	开始	结束	开始	结束	开始	结束	开始	结束
家鸡	口服	低	31.4	45.7	17.6	23.3	2.0	0.7	2.6	0.3	77.0	74.3	1.0	0.7
		高	24.1	36.7	33.5	16.0	2.0	0.5	3.3	1.3	58.7	80.7	1.0	1.7
	肌肉注射	低	26.9	26.8	50.3	28.0	2.3	1.7	7.3	2.3	57.3	67.3	2.3	0.7
		高	27.5	31.6	36.0	24.2	1.3	0	5.0	2.7	61.7	72.0	1.2	1.2
	对照		28.4	38.7	23.7	19.7	1.8	0.5	1.5	1.3	71.5	78.2	2.8	1.0

注：低浓度为 20000 CPB/g；高浓度为 200000 CPB/g。

二、病理切片观察

试验 30 d 后，将 4 种试验动物进行解剖肉眼检查，并取半数动物的心、肝、脾、肺做石蜡切片，H. E. 染色，处理、对照 37 例肉眼观察及镜下检查均未发现特殊病理变化（表 4-5），仅个别病例（口服高浓度 DpwCPV 兔 1 例）有肠炎。

表 4-5 4 种参试动物解剖后肉眼及组织切片观察

动物	采样组织	感染剂量		镜检结果
		高浓度	低浓度	
家鸡	心、肝、脾、肺、肾、脉胃、十二指肠、空肠、腔上囊、坐骨神经、胸腺	5 例	2 例	正常
	对照	1 例	1 例	正常
豚鼠	心、肝、脾、肺、肾、脉胃、肾上腺、腔系、膜淋巴	3 例	2 例	正常
	对照	1 例	1 例	正常
家兔	心、肝、脾、肺、肾、脉胃、十二指肠、大肠	3 例*	2 例	正常
	对照	1 例	1 例	正常
小白鼠	肝、脾、肺、肾	8 例	4 例	
	对照	1 例	1 例	

注：低浓度为 20000 CPB/g；高浓度为 200000 CPB/g。* 口服高浓度一例有肠炎。

三、结 论

国内外研究结果表明，昆虫病毒是比较安全的，对其他生物来说也比化学药剂要安全得多。国内中山大学和广东林科所对马尾松毛虫质型多角体病毒对高等动物的安全性进行试验，初步认为质型多角体病毒对试验动物都没有显出毒性反应。本试验用小白鼠、豚鼠、家兔和家鸡 4 种动物经口服、皮下注射、腹腔注射、肌肉注射、点眼等途经行进感染，动物无异常表现，体重、血液测定、组织病理检查均属正常。初步得出 DpwCPV 对实验动物无毒、无致病性，是安全的。

第三节　DpwCPV 感染家蚕试验

昆虫病毒作为生物防治的一种重要手段，被日益广泛地应用。病毒杀虫剂对于有益昆虫有多大的影响，越来越受到人们的关注。本试验的目的是验证 DpwCPV 对家蚕（*Bombyx mori* Linnaeus）不同龄别添食感染有无影响，为 DpwCPV 推广应用提供依据。用 DpwCPV 对二龄起响蚕及五龄起蚕添食处理，感染浓度均为 $1×10^6$ CPB/ml。

一、试验材料与方法

（一）试验材料

（1）病毒来源：DpwCPV 系云南省林业科学院增殖的病毒粗提液，多角体含量为 2.5 亿 CPB/ml，保存冰箱备用。

（2）供试寄主及虫龄：①供试家蚕为 731×云农 2 号，中、日一代杂交良种。②供试蚕数量：二龄起蚕、5 龄起蚕各处理 50 头，重复两次，共计 200 头。设对照 100 头。

（3）供试浓度：DpwCPV 粗提液，配制添食浓度为 $1×10^6$ CPB/ml。对照喷清洁自来水。

（二）添食方法

（1）添食时期：二龄起蚕和五龄起蚕响食（指各龄眠起第一次给桑）。

（2）添食处理：二龄起蚕和五龄起蚕响食给桑前，用喷雾器在桑（*Morus alba* L.）叶正面和背面均匀喷洒病毒液，至叶面全部湿润不滴水为度。对照区用清水喷洒。对照组、试验组保温，技术处理均为同等条件下进行。加网后将已处理的桑叶按响食适量均匀铺在蚕网上，使蚕得到同一食寻机会。采用二龄全防干、五龄半防干的经济试育方法。每日给桑 3 回。

（3）幼虫期、茧期（蛹期）及成虫期主要观察内容：①各龄饲养及发育经过。②各龄病、小蚕观察记录；③二龄蚕及五龄蚕感染组的结茧率调查；

④感染试验组及对照组的茧质调查；⑤试验区DpwCPV感染病症的肉眼鉴定；⑥各种病、小蚕的镜检。

二、试验结果与分析

（一）DpwCPV感染家蚕二、五龄期经过

试验结果表明（表4-6）：DpwCPV添食区与对照区幼虫各龄期发育无显著差别。幼虫期二龄及五龄群体发育正常，食桑举动活泼，添食组与对照组食桑、睡眠均无显著差异。二龄及五龄幼虫体形、体色正常，添食组与对照组无显著差异。二龄及五龄添食组与对照组比较，排粪、胃液正常。幼虫饲育经过各龄期略有出入。一龄经过、二龄经过、三龄经过、四龄经过及五龄经过，处理组与对照组之间差异不明显。全龄经过，二龄添食组比对照长2.4 d，五龄添食组及对照组相同。五龄经过较二龄添食组缩短（4.1 d），主要原因是五龄组蚕座较稀、食桑较充分之故。

正常情况下，家蚕的经过是一龄4~5 d，二龄3~4 d，三龄4.0 d，四龄6.0 d，五龄7~9 d。一龄至五龄最少15 d，最多25 d。本试验因蚕室保温条件差，其经过比正常经过普遍延长。

综上所述，DpwCPV对家蚕是安全的。

表4-6 DpwCPV感染家蚕龄期经过

添食时间	浓度（CPB/ml）	重复	一龄经过（d）	二龄经过（d）	三龄经过（d）	四龄经过（d）	五龄经过（d）	全龄经过（d）
二龄响食	1×10^6	1	4.5	4.8	4.6	6.0	15.5	35.4
	1×10^6	2	4.5	4.8	4.2	6.0	15.5	34.6
	对照	1	4.4	4.8	4.2	6.0	13.2	32.6
五龄响食	1×10^6	1	4.4	4.8	4.2	6.0	11.4	32.6
	1×10^6	2	4.4	4.8	4.2	6.0	11.4	32.6
	对照	1	4.4	4.8	4.2	6.0	11.4	32.6

（二）DpwCPV感染家蚕后其结茧率及病、小蚕淘汰率

试验结果表明（表4-7），五龄蚕添食组的结茧率及病、小蚕淘汰率，处理组与对照无明显差异；二龄蚕添食组，其结茧率处理组比对照高15%，但其病、小蚕淘汰率处理组比对照低15%；二龄及五龄添食组与对照组比较，各龄均发现少数小蚕。但幼虫期各龄小蚕、迟眠蚕及簇中不结茧蚕、毙蚕经抽样镜检，解剖后观察，添食组肠道的质地与色泽与对照组无差异，其肠道中均未发现DpwCPV感染症状及病毒多角体。说明，DpwCPV对家蚕是安全的。

表 4-7　DpwCPV 感染家蚕对其结茧率及病、小蚕淘汰率的影响

品种	浓度 (CPB/ml)	重复	二龄蚕添食		五龄蚕添食	
			结茧率(%)	病、小蚕淘汰率 (%)	结茧率(%)	病、小蚕淘汰率 (%)
731×云 农 2 号	1×10⁶	1	80	20	74	26
	1×10⁶	2	82	18	86	14
	平均		81	19	80	20
	对照	1	66	34	82	18

注：病、小蚕淘汰率包括遗失蚕。

（三）DpwCPV 添食感染对家蚕茧质的影响

根据茧质调查，不论二龄及五龄添食组均差异不大，平均茧层重、茧层率，处理组均与对照组无明显差异。因此，DpwCPV 对家蚕是安全的（表 4-8）。

表 4-8　DpwCPV 添食感染对 731×云农 2 号家蚕茧质的影响

浓度 (CPB/ml)	重复	二龄添食			五龄添食		
		全茧重(g)	茧层重(g)	茧层率(%)	全茧重(g)	茧层重(g)	茧层率(%)
1×10⁶	1	1.97	0.44	22.30	1.95	0.45	23.0
1×10⁶	2	1.94	0.42	21.95	1.98	0.43	22.4
平均		1.96	0.43	22.22	1.97	0.44	22.8
对照	1	2.09	0.48	22.85	2.08	0.44	20.7

（四）DpwCPV 添食感染对家蚕产卵量的影响

茧期(蛹期)、羽化期，添食组与对照组比较，羽化时间一致，成虫羽化后雌雄性比、产卵量，二龄及五龄添食组(301.5 粒/头)与对照组(321.8 粒/头)，差异不大(表 4-9)。

表 4-9　DpwCPV 添食感染对 731×云农 2 号家蚕产卵量的影响

浓度 (CPB/ml)	添食时间	抽样数 (头)	羽化情况	结茧至 羽化	性比 ♀:♂	产卵总数 (粒)	平均产 卵数(粒/头)
	二龄响食	10	正常	一致	1:1	3474	347.4
1×10⁶	五龄响食	10	正常	一致	1:1	2556	255.6
	平均					3015	301.5

（续）

浓度 （CPB/ml）	添食时间	抽样数 （头）	羽化情况	结茧至 羽化	性比 ♀：♂	产卵总数 （粒）	平均产卵 数（粒/头）
	二龄响食	10	正常	一致	1：1	3879	387.9
对照	五龄响食	10	正常	一致	1：1	2556	255.6
	平均					3217.5	321.8

　　根据以上试验分析初步认为：DpwCPV 感染家蚕，不论是二龄或五龄添食，家蚕幼虫期、茧质、产卵期均未发现 DpwCPV 的感病症状及多角体，DpwCPV 对家蚕的茧质、产卵量没有影响。试验结果表明，DpwCPV 对家蚕是安全的。

第五章
DpwCPV 的增殖

松毛虫是我国森林的最大食叶害虫，种类繁多、分布广、危害严重。我国松毛虫属现有记载 29 种(候陶谦，1992)，全国各省均有不同种类的松毛虫猖獗危害，年平均森林受害面积约为 333×10^4 hm^2。昆虫病毒能导致昆虫种群的病害流行，达到控制害虫种群数量增加和危害的目的，目前松毛虫病毒已成功地应用于松毛虫防治，具有一次使用多年持续控制松毛虫不成灾的优点(胡光辉，1999)。

松毛虫质型多角体病毒的研究和利用受到重视，是因为它具有较高的感染力和连续的抑制作用以及对森林生态环境具有较强的适应力，更重要的原因是利用林间自然种群的松毛虫为宿主进行增殖，很容易获得大量优质廉价的病源(吕鸿声，1982；陈尔厚，1999)。DCPV 的应用，在我国始于 20 世纪 70 年代末至 80 年代初。其研究对象主要是赤松毛虫 CPV、日本赤松毛虫 CPV、马尾松毛虫 CPV、文山松毛虫 CPV 和德昌松毛虫 CPV 等 5 种松毛虫病毒(胡光辉，1999)。由于质型多角体病毒的球形病毒粒子包埋在包涵体蛋白质中，故受环境因子的干扰较小，能垂直传递经卵感染下一代幼虫。在自然情况下，较易引起区域性的流行病，防治 1 次可控制松毛虫 5~6 年不成灾，故在生产上得到大面积应用推广(胡光辉，1999)。目前全国应用病毒防治松毛虫的面积约为 6.67 万 hm^2。

本章节主要介绍 DpwCPV 的增殖、提取方法和林间应用技术，防效检查及评价。

第一节　病毒增殖的方法

一、病毒增殖形式演变历程

病毒增殖(复制)或称生产是指当病毒进入宿主(寄主)体内，病毒粒子与宿主细胞的特定受体部位相结合后，其核酸进入寄主细胞(被壳留在细胞外)，病毒核酸进入寄主细胞后，即向寄主细胞提供遗传信息，利用寄主细胞内的物质，通过合成作用复制病毒粒子的过程。一旦寄主细胞死亡，病毒粒子的合成即告终止(吕鸿声，1982；胡光辉，1999)。

昆虫病毒只能在活体或活细胞内增殖，因而解决病毒大量复制技术，是"以病治虫"的首要环节。目前国内外昆虫病毒的增殖方式主要有：①利用离体细胞大规模生产病毒；②利用人工饲料饲虫接毒复制病毒；③利用替代寄主(宿主)复制病毒；④利用天然饲料饲虫接毒复制病毒(图 5-1)(陈世维，1985；胡光辉，1999)。前 3 种方法，因所需设备投资高，技术难度较大，难于在生产上广泛推广应用，目前国内外主要采用天然饲料饲虫复制病毒。

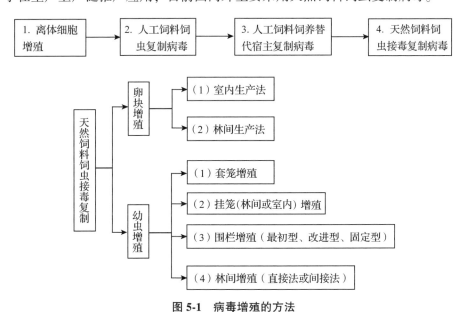

图 5-1　病毒增殖的方法

二、松毛虫 CPV 增殖的主要方法

按最初复制病毒所用宿主的生活期，分为卵块增殖和幼虫增殖两大类。

卵块增殖是利用林间收集松毛虫的卵块，在室内或室外，饲养孵出幼虫，待其生长发育到 6~7 龄幼虫（距结茧约两周）时，接毒（喂食喷洒 CPV 液的针叶）回收感病虫的病毒复制方法。幼虫增殖是人工从林间直接收集 6~7 龄幼虫，采用套笼、挂笼、围栏和林间等多种养虫形式，于室内外接毒回收感病虫的病毒复制方法（图 5-1）。

（一）卵块增殖

1. 室内生产方法

赤松毛虫卵经 1% 福尔马林消毒，幼虫孵化后用灭菌的当年生针叶饲养幼虫，在温度 25 ℃，相对湿度 70%，每天光照 16 h 的条件下，饲养幼虫。3 龄以后的幼虫用两年生针叶饲养，当幼虫发育到 6~7 龄虫时接种 JDs-CPV，13~16 d 后收集感病虫（王志贤，1984）。

2. 林间生产法

选生长好、针叶茂密且有明显界限的松树幼林 0.1~0.3 hm²，投放适量马尾松毛虫的卵块，10 年生马尾松树平均放 5~6 块/株，待其自然孵化生长发育到 6~7 龄时，接种病毒两周后回收感病虫（刘清浪，1986）。利用卵块增殖病毒的最大优点是，可远距离大范围收集卵块，投放于便于观察、管理和回收感病虫的林内或于室内复制病毒。卵块运输方便，关键是要卵块避免受潮发霉，在有加工提取病毒能力但缺少虫源的条件下可以采用此方法。

（二）幼虫增殖

依据采集幼虫的多少和复制病毒规模的大小，分为套笼、挂笼、围栏和林间等 4 种松毛虫 CPV 复制方式。

1. 套笼养虫复制

在赤松毛虫发生的林区，选择林木生长良好，针叶茂密的林分，选取生长较好的松枝，采用 90 cm×50 cm 或 100 cm×50 cm 的尼龙纱袋套住松枝，每袋投入接种病毒的 6~7 龄幼虫 100 头，扎紧纱袋两端，两周后从纱袋中收集病死虫体（王志贤，1984）。

2. 挂笼养虫复制

挂笼与套笼很相似，都用纱笼装虫，不同的是套笼是在树上选一长势好的松枝罩住后放入接种病毒的幼虫，不剪下松枝，挂笼则需砍下松枝，挂笼悬挂于林内，其复制场地随意性大，可在便于观察和管理的林内设点挂笼。挂笼采用铁纱笼或尼龙纱笼均可。铁纱笼的直径与长为 30 cm×50 cm 或 45 cm×70 cm，笼两端缝上长度为 18~20 cm 化纤布，以供捆扎袋口防止幼虫爬出。每袋投入 6~7 龄虫 200~300 头，待幼虫取食完喷过药的松针后，每隔

2 d 更换 1 次新叶，2 周后收集感病虫。尼龙纱袋的直径与长为 50 cm×100 cm，每袋放入幼虫 500~800 头，宜选多枝多叉的松枝饲虫，以撑开纱笼避免幼虫相互挤压，造成损伤。一般林间挂笼，是把养虫笼挂于林内遮阴处，或先在林内布线再挂笼于线上，悬挂高度以便于操作为宜。在条件好的林区，若有宽敞的空房，养虫笼可置于室内，能避免暴雨暴晒。室内气温较低，松针失水慢，能延长幼虫的存活期，有利于病毒增殖。针对备用病毒数量少，又急需大量稳定地复制病毒，挂笼是一种比较理想的病毒复制方法。

1984 年 7—8 月，在云南省石屏县坝心林场，因地制宜，用采集饲料室外饲养文山松毛虫的方法，小批量繁殖 DpwCPV。从林间采集文山松毛虫的 4~5 龄幼虫，置于铁纱笼或塑料薄膜围栏内饲养，每天投放云南松的新鲜枝叶一次，隔日清除松树的残枝与幼虫粪便。铁纱笼用直径与长为 30 cm×50 cm 的铁纱，两端连接处用化纤布制作而成，悬挂于铁线上，每笼装幼虫 300~500 头，共 22 笼。待幼虫在铁纱笼内适应新环境，业已正常取食后，饥饿 24 h，分别用 DpwCPV 粗提液 16×10⁶ CPB/ml，每笼用液量 27 ml 喷洒新鲜枝叶，晾干后饲喂幼虫。

笼内感染 DpwCPV 的 8063 头幼虫，从第 8 d 起收集的病死和濒死的幼虫情况见表 4-1。其感病死亡 5694 头，自然死亡 2274 头，结茧 95 头。

3. 围栏养虫复制

围栏生产病毒，是在挂笼生产病毒的基础上，为进一步扩大其病毒的产量而采用的方法。较之挂笼具有方法简便，集虫数量多，管理操作和更换新鲜松枝方便，产量大等优点。围栏复制经历了最初型、改进型和固定型 3 个阶段，其制作和技术不断完善。

（1）最初型围栏复制：最初型的围栏没有固定形状，栏内不设悬挂松枝的横杆，只设置沙钵用以插饲虫松枝，或者围绕 1 株松树设栏，其栏内饲虫数量较少，每栏仅饲养 3000~4000 头幼虫。其操作方法是用塑料薄膜在林地上围成高 50~70 cm，面积视饲养幼虫数量而定的围栏，每平方米放虫 2000 头。围栏下部培沙压紧，上部敞开，围栏内安放沙钵供插饲虫松枝和保湿用（范民生，1983）；也可围绕 1 株低矮的 5~6 年生松树建栏，放入 5~6 龄马尾松毛虫 300 头/株（刘清浪，1986）。围栏的松枝喷药后 2~3 d 更换新鲜松针并清除粪便，5~7 d 收集病死虫，至感染率达 60%~70%（以解剖活虫进行判断）时，将剩下的所有活虫收集起来，用解剖虫体剪取感病虫中肠的方法复制病毒，20 d 左右可完成整个松毛虫 CPV 的接种复制工作。

（2）改进型围栏复制：改进型围栏开始定型，围栏为 200 cm×100 cm 的长方形，围栏四角处的塑料薄膜叠烫成筒套，以便插入竹杆固定；栏内装有悬挂饲虫松枝的横杆 1~2 根，可悬挂 1 层松枝（固定型为 2 层），幼虫活动范围较小。制作时截取长 6.5 m、宽 0.85 m 的塑料薄膜一块，烫接成 2 m×1 m 的方形围栏，并在四角处叠烫成筒套以便插入竹竿。安装时，四角插入竹竿，栏的上端敞口，下部壅埋约 5 cm 厚的土，上沿套穿入竹竿并固定在木杆上，以防塑料下垂。于围栏内竖 160 cm 长的杆 2~4 根，其上搭距地面 40~50 cm 的横杆 1~2 根，用以悬挂新鲜松枝（枝叶应与地面接触），围栏上方盖上一块比围栏面积稍大的塑料薄膜防雨，每栏放 3~5 龄幼虫 5000~6000 头。接毒后每天清除残枝和虫粪，投放新鲜枝叶，连续 3 d。感染后 12 d，当幼虫肛门出现灰白色粪便时，开始收集病虫，收集高峰期一般在 18~20 d，收集适时，虫体病毒含量高（陈世维等，1985；叶林柏，1988）。

（3）固定型围栏复制：

围栏制作：用普通塑料薄膜或农用地膜，采用 SPL 型塑料封口机或家用缝纫机，加工成长×宽×高为 200 cm×100 cm×80 cm 的围栏。围栏四周每间隔 50 cm 做一条直径为 7~8 cm 的筒套，供安装围栏时穿插固定围栏的材料之用（胡光辉等，1998；胡光辉等，1999；陈尔厚等，1999）。可用直径为 1.5~2.5 cm，长度 120 cm 通直的竹竿或钢筋等作为固定围栏的材料。

场地选择：设置围栏的场地，以不受太阳暴晒遮阴条件好的林下或果园内[如板栗（*Castanea mollissima* Blume）园]，不易积水、背风的缓坡地带为佳。为便于管理，围栏设置时应集中成片，4~5 个或 7~8 个围栏一片均可。尽量不在风口处安装围栏，因在风口处松针失水快，影响幼虫取食，降低病毒复制效果。

围栏安装：安装时，必须配备的工具有砍刀、锤子、斧头、锄头、细铁丝或塑料编织带、胶把钳等（胡光辉等，1998）。在选择好的增殖场地内根据围栏的长宽，先挖出 4 条深度和宽度均为 3~5 cm 浅沟。在围栏四周的固定筒套内插入固定材料将围栏固定好，围栏的下缘（接地边缘）放入沟内并用细土壅埋压实。栏内钉悬挂松枝的长短立杆 4 根，长杆长 160 cm，短杆长 120 cm，对角线固定。横杆 3 根，长度为 160 cm，用细铁丝或塑料编织带固定在立杆上。立杆位置，以悬挂松枝后针叶不触及围栏四周为度；横杆高度，以使少数针叶刚好接触地面为度，以便幼虫上爬取食（胡光辉等，1999）。

虫龄选择：增殖虫龄的大小，直接影响病毒产量的高低，因松毛虫 CPV 只在幼虫中肠部位的筒状细胞内复制，肠道组织的生物量与虫龄成正相关，虫龄小，中肠少；虫龄越大，肠道组织的生物量越大。虫龄小的幼虫对病毒比较敏感，抵抗力小，用药量少，最易感染上病毒，但病毒多角体单虫含量少，产量低；虫龄过大的大龄老熟幼虫，对病毒不太敏感，用药量相对较高，并受其自身发育规律和环境条件影响，当环境条件发生变化，虫口密度加大，食料减少时，其立即吐丝结茧提前化蛹，从而影响病毒的围栏复制效果。故增殖虫龄，应选择接毒后到回收感病虫体时 2 周内未结茧的幼虫，一般文山松毛虫幼虫虫龄宜选 6~7 龄（胡光辉等，1998）。

幼虫采集：围栏投放幼虫之前，先在栏内悬挂少量新鲜松枝，供采回来的幼虫爬行分散，减少幼虫群聚造成的损耗。采集的幼虫必须发育健康。采集幼虫时，用力要轻，以免损伤幼虫内脏器官。取虫工具，最好用长度为 25 cm 的镊子或自制竹片夹子。装虫工具用长 50 cm、直径为 20~25 cm 的铁纱笼。集虫时，虫笼内需预先装进新松枝架空，避免幼虫挤压受损，为防止幼虫挤压出水，每笼装虫 2.0~3.0 kg。亦可用 10 kg 塑料桶装虫，但桶内必须先放松枝搭空，每桶收集虫量不得超过 2.0 kg。每个围栏投放幼虫 6000~8000 头，净重为 13.0~16.0 kg（指文山松毛虫和德昌松毛虫的重量）。待栏内幼虫饥饿 1 d 后，方可接毒感染（胡光辉等，1998）。

集虫时间：集虫时间因虫种和分布的不同而异，但均宜于在结茧前半月进行。在滇东南，文山松毛虫越冬代于春分集虫，第 1 代在大暑节令；而在滇中昆明和玉溪地区，则推迟约 10 d。在滇北部永仁和滇中禄丰，德昌松毛虫集虫的日期也有差别。在滇南思茅地区，越冬代、第 1 代思茅松毛虫（包括禄丰取食滇油杉 *Keteleeria evelyniana* 的思茅松毛虫），分别于谷雨、立秋集虫；而云南松毛虫则于立夏、白露节令集虫。此时，幼虫一般进入 6~7 龄老熟阶段，不受脱皮影响，对机械损伤有较大的忍受力。利用器官生物量大的老熟幼虫增殖能获得较多的病毒多角体。每栏投放健壮幼虫 7000~8000 头。初入栏的幼虫，因其生活环境改变和受密度过大相互干扰而乱爬，弹跳掉落和拒食十分突出，常聚集于背光的角落，应即时采用引虫上枝和调整悬挂枝叶的办法，使幼虫分散均匀。

饥饿接种：幼虫经 24 h 饥饿后，选取新鲜枝叶喷布病毒感染液至滴水为度，待风干后，换下残枝叶进行接种。每栏松毛虫 CPV 的用液量约 1200 ml，接种时间宜在下午 16：00~17：00 时。所用叶量，必须保证幼虫足够取食 2 d。用最适量的浓度感染饥饿 24 h 的 6~7 龄适期幼虫，对病毒产量的影响颇大。体重每头约 3.5 g 的 6~7 龄文山松毛虫和德昌松毛虫，感染的最适量浓度为 1×10^7 CPB/ml，每头体重已超过 5 g 的 6~7 龄思茅松毛虫和云南松毛虫，病毒浓度为 4×10^7 CPB/ml（陈尔厚等，1999）。

饲养管理：感染期内的饲养管理，对提高病毒产量具有重要作用。病毒感染初期，须每 2 d 更换新鲜枝叶 1 次。此时，幼虫继续生长发育，体重、取食量仍有增加，一般能够取食完第 2 次更换的鲜叶（集虫虫质较差的例外）。一周后，幼虫食欲减退或停食，换叶的作用是为了遮阴保湿和分散幼虫。在病毒感染增殖期内，应清除死虫，防止杂菌污染；调整枝叶避免堆压，以及采取遮阴防雨、减少高温高湿影响等有利于幼虫生长、存活的措施，使病毒能够在虫体内不断繁殖增生，从而获得较高的病毒产量（陈尔厚等，1999）。

适时采收：在集虫虫质较好的情况下，被病毒感染 12~15 d 的幼虫，即使中肠病变程度加重，虫体只会变得细长，并不明显萎缩。感染第 7~8 d 时，幼虫行动迟缓，中肠病变颜色呈黄绿色，前肠常残留未消化的食物。第 11~12 d 时，虫体细长，极少光泽，中肠由黄色变为黄白色，中肠中段的肠壁变薄，中肠后段褶皱明显。第 15 d 时，中肠病变颜色呈乳白色，肠壁厚实、肿胀，横纹褶皱加深，脂肪体和丝腺体得不到充分发育，血液仍澄清。由于幼虫感染时间充分，病毒累积增殖量才最大，此时采收，最为理想。

4. 林间高虫口增殖

松毛虫 CPV 林间增殖方法，具有价格低廉、方法简单、易于推广的优点，兼有增殖病毒和防治松毛虫两方面的效果。如果结合松毛虫大面积防治进行病毒增殖，回收感病虫，则可一举两得、事半功倍。林间增殖方式分为直接增殖和间接增殖两种。

（1）间接增殖法：为节省病原，保证复制效果，利用养虫笼收集幼虫接种病毒，待幼虫取食完两次喷药针叶后，选一低矮林分（有明显隔离带最好），移入感病幼虫继续饲养。从接种之日计算，接毒两周收集感病虫。间接法的优点是可节省病原，保证幼虫取食到足量的病毒剂量，感染效果好。不足之处是染病虫放养林间，幼虫发病后虫体缩短，体色变浅，收虫时难于寻找，有的坠于地上或草丛被蚂蚁等天敌取食，造成一定数量染病虫未能收集而损失。且大量复制病毒时，几百公斤幼虫需用成百上千个养虫笼，如此多的养虫笼挂在林间，难于管理，也影响林区人民的生活，故生产单位一般不采用（胡光辉等，1999）。

（2）直接增殖法：此法是利用林间自然高虫口的林分，或选定好林分移殖一定数量的松毛虫，接毒后使其在林间自然发病，两周后回收感病虫的松毛虫 CPV。生产单位多采用林间直接增殖法，一般指的林间增殖法也就是这种方法。它包括 4 个技术要点：

①增殖林分的选择（胡光辉等，1996）：增殖（复制）林分选择的好坏，是

影响林间松毛虫 CPV 复制成功与否的关键。林分选择时应特别注意 3 个因素，即虫口密度、林龄和林分残留针叶的疏密程度。

虫口密度：在松毛虫发生区，先进行全面虫情调查，选择虫口密度及有虫株率高的林分作为增殖林分，林分内虫口密度一般 70~80 头/株，有虫株率 80% 以上，株行距 2.0~3.0 m 左右，郁闭度 0.7 以上。树高以手摇或机动喷雾器射程所能达到范围为准，一般 3.0~5.0 m 最佳。增殖林分周围应有明显隔离带，林下杂灌木少。林间的松毛虫必须是发育健康，松毛虫病毒病的林间自然感病率在 10% 以下。对于虫口密度和有虫株率低但易于收集感病虫的林地，可采用就近集虫补充林分虫口的增殖方式，即从林地附近采集健康幼虫均匀投放于复制林分内再接毒增殖，这样可以提高林分的虫口密度，减少病毒用量，保证复制效果。

林龄选择：增殖林地内林龄相差不宜太大，同龄林最好，一般选择林龄在 8~10 年生左右的云南松或地盘松（ *Pinus yunnanensis* var. *pygmaea* Hsüeh）林分。若林龄相差大，高树（树高在 10.0 m 以上）树冠上部未感染松毛虫 CPV 的幼虫，当其取食完树冠上的针叶后，再转移到低矮的下层林取食，致使收虫时，感病虫与健康虫难于区分，一同收回，会从整体上降低林间松毛虫 CPV 复制效果。

针叶疏密的确定：增殖林地松毛虫危害后残留针叶疏密程度的确定标准，是以从接毒后到幼虫停止取食时，一周时间内树冠上针叶未被全部吃光为度。针叶太密，面积和虫口密度相同的林分，增殖所用病毒剂量增高，或使每根针叶受药量减少，在同一时间内，幼虫取食针叶时其摄入病毒的剂量减少，从而降低了病毒复制效果。针叶太少，幼虫染病后因怕光，四处乱爬，藏于草丛或灌木丛中，在收虫时难以采集，影响复制效果。

②增殖虫龄的确定：松毛虫 CPV 单虫多角体的含量与松毛虫生物量密切相关。单虫体重 1.6~2.0 g 的幼虫 CPB 产量比 0.1~0.5 g 体重大 50 倍（范民生，1983），反映出在接种量（或浓度）相同情况下，幼虫生物量越大，CPB 产量越高。林间增殖松毛虫 CPV，应选择结茧前 15 d 左右的松毛虫老熟幼虫。时间以病毒接种后到回收感病活虫时不结茧为宜。上半年在清明节之前，下半年在 7 月下旬至 8 月初进行。

③感染方法：感染方法是松毛虫 CPV 林间增殖技术的另一关键环节，它包括 3 个主要因素：病原浓度、稀释用水和施药时的气候因子。

病原浓度：施药浓度偏高或偏低，最终都将导致单虫 CPB 平均含量不高，间接增加了复制成本。根据多次松毛虫 CPV 林间复制的试验结果，感染浓度一般采用$(2.4 \sim 3.0) \times 10^6$ CPB/ml，即每公顷病毒用量$(3.6 \sim 4.2) \times 10^3$ 亿 CPB，喷施 300 kg 病毒悬液。并根据施药后的天气状况，决定是否需补喷及补喷次数。

稀释用水：松毛虫 CPV 包涵体在病毒传播过程中对病毒粒子的活性起保护作用，但能被 pH 10.8 的弱碱溶解，光照后病毒粒子极易失活。故稀释用水，应比较纯净、pH 值宜偏酸性，避免用低洼地蓄积的雨水，其中滋生很多种微生物，施药后会影响松毛虫 CPV 在肠道中的复制效果。施药方式，采用背负式手摇喷雾器或机动喷雾机，对所选择复制林分逐株全面喷雾，视每株树上虫口多少，决定喷药剂量，受药量以针叶湿润但不滴水为度。

气候因素：松毛虫 CPV 林间复制效果，气候因子的影响很大，特别是日照和降水这两个因子。病毒在强阳光暴晒下很快失活。据试验，在用纯病毒制剂（不加光保护剂）施药后暴晒 30 h 以上，病毒粒子将完全失活。施药后，遇暴雨或连续数小时小雨，针叶上的病毒会被雨水冲掉。故施药时，宜选择多云无雨天气。喷药后若遇绵绵数小时的阴雨，为提高复制效果，在天晴后应及时补喷一次。

④感病虫回收时间和收集对象的确定：幼虫从接毒后病毒单虫含量与时间呈正相关，即感病时间越长，松毛虫 CPV 的 CPB 含量越高。但在幼虫感病后期，中肠细胞逐渐脱落，多角体散落在肠腔内，可随粪便不断排除体外，挤压感病虫体，口腔会流出浅黄色或乳白色的液体，有的幼虫肛门处粘有灰白色粪便，涂片镜检可见大量多角体存在。时间愈长排出体外的病毒越多，故在病毒增殖时，必须掌握好最佳回收时间，既保证单虫 CPB 含量达到最高水平，又避免感病虫体内的病毒被排出体外。对病毒复制而言，不是死虫越多越好，而应该是感病活虫越多复制效果越佳。对不同感病时间与病毒产量的关系的试验结果表明，室内以接种后第 15 d 的病毒含量最高，室外以第 16 d 最高（表 5-1）。

表 5-1　松毛虫接种后不同时间的病毒产量

试验	接种浓度（CPB/ml）	病毒产量（$\times 10^8$ CPB/头）											
		6 d	8 d	9 d	10 d	11 d	12 d	14 d	15 d	16 d	17 d	18 d	20 d
防治区	10^6	0	0	0	0.23	0	0.21	0.50	0	1.07	0	0.51	0.85
复制区	10^6	0	0	0	0.36	0	0	0.53	0	1.66	0	0.94	1.61
室内	10^6	0	2.28	2.19	0	1.76	0	3.66	5.55	5.52	5.47	4.94	

注：0 表示感病未作 CPB 含量检测。

松毛虫吞食病毒后的第 15 d 左右，是感病虫的最佳回收时间。随感染时间推移，感病松毛虫的中肠表现出不同的染病症状，其中肠的色泽变化顺序是：青色→黄青色→白色→黄白色。松毛虫中肠不同色泽与病毒单虫多角体平均含量的关系是：青色 0.18 亿 CPB/头，青黄色 1.17 亿 CPB/头，白色 2.34 亿 CPB/头，黄白色 4.06 亿 CPB/头（王志贤，1990）。接毒后幼虫感病时间长短与单虫多角体平均产量的关系是，接毒后第 7 d 为 0.84 亿 CPB/头，第 9 d 为 1.84 亿 CPB/头，第 11 d 为 2.82 亿 CPB/头，第 15 d 为 4.22 亿 CPB/头。第 15 d 的单虫产量是第 7 d 的 5 倍（陈尔厚等，1999）。确定感病虫回收时间的方法是，从接毒后第 7 d 天开始，对增殖林地的松毛虫进行抽样检查，用剪刀剖开幼虫中肠部位，观察病毒在松毛虫体内复制过程中的中肠色泽变化和皱褶情况。一般在接毒后第 13~15 d，当松毛虫有明显感病症状，中肠黄白色占 70%，肠道出现明皱褶时，即可将树上感病活虫全部收集起来，拌入防腐剂运回实验室加工提取病毒。对林间感病致死的虫尸，可作为原始毒株加以保存利用。幼虫吞食病毒后，对结茧的蛹作显微观察，可见大量病毒多角体，因此，野外收虫时可把茧集中起来，用火焚烧取出虫蛹。因其茧壳上附着大量毒毛，极易刺伤皮肤，用火烧除去茧壳上的毒毛，避免对人造成伤害。

第二节　松毛虫质型多角体病毒围栏增殖效果分析

松毛虫质型多角体病毒（DCPV）围栏增殖，即塑料薄膜围栏复制病毒的方法，经云南省林业科学院 10 多年的试验证明：该方法具有投入病原量少、幼虫感病率高、病毒产量稳定和设备简单等优点。该方法用少量的病原经 2~3 次围栏复制后可成千上万倍扩大松毛虫 CPV 数量用于林间防治松毛虫。在病毒生产上围栏增殖是扩大病毒产量成效最快、风险最小的方法。

一、集虫虫质对病毒产量的影响

为比较不同的采集者及不同集虫工具对松毛虫病毒复制效果影响。以甲、乙、丙、丁、戊、己、庚代表 7 个采集者，采虫工具均为镊子，装虫工具有：虫笼（项目组自行设计制作）与袋子（市场上销售的塑料编织袋），其他幼虫接毒、饲养条件相同。

结果表明（表 5-2），不同采虫者所采集的 6~7 龄文山松毛虫幼虫，在接种后出现各类病死虫数量及其病毒产量具有差异。其差异是由于不同采集者所采集的幼虫受机械损伤和被挤压出水(即被挤压出体液)的程度、每个虫笼和袋子所装幼虫数量不一,导致幼虫取食、生长、病毒感染率与增殖效果不同所致。以同种集虫工具的甲与己采集者作比较,甲集虫的虫质有利于幼虫取食、生长,以及病毒感染与增殖,因此,在 14 d 后甲所采集的幼虫适合于剖取中肠的感病活虫数量比己采集者高出 1 倍,其获得的病毒也比己采集者多 1 倍。以用不同集虫工具的己与庚采集者比较,己采集者获得的感病活虫和病毒,又远多于庚采集者。由此可见,集虫时幼虫虫质的好坏,对病毒产量具有很大的影响,故在集虫时,必须组织临工进行前期培训,经现场实际具体操作,然后再实施采集。

表 5-2　集虫虫质对各类病毒死虫回收率及其病毒产量的影响

| 采集者 | 集虫总数(头) | 集虫工具 | 7 d 前的死虫占集虫总数比例(%) | 7 d 后病、濒死虫 | | 14 d 后剖取中肠 | | 病毒多角体总量(亿 CPB) | 单虫多角体平均含量(亿 CPB/头) |
				占集虫总数百分比(%)	病毒多角体产量(亿 CPB)	占集虫总数百分比(%)	病毒多角体产量(亿 CPB)		
甲	36092		11.57	36.12	35069.53	54.49	101574.13	136643.66	4.37
乙	33306		12.48	37.01	33154.25	47.77	90338.38	123492.63	4.37
丙	32006	虫笼	14.50	39.50	34009.67	44.50	79972.61	113982.28	4.24
丁	36160		16.07	47.22	45926.37	34.67	67640.49	113566.86	3.84
戊	33662		18.00	46.63	42222.24	33.24	61182.50	103404.74	3.82
己	35501		16.55	56.93	54386.42	24.98	49217.47	103603.89	3.55
庚	29886	口袋	35.65	58.65	47153.01	5.57	8213.10	55366.11	2.94

二、室内、室外围栏病毒产量的比较

为比较不同增殖场地对病毒产量的影响,在石屏县坝心林场,于室内和室外设置相同数量的围栏,使用镊子、虫笼集虫,进行室内、室外围栏文山松毛虫病毒的增殖。

研究结果表明(表 5-3),室外围栏 7 d 前死虫和 7 d 后病死、濒死虫较室内围栏多,而 14 d 后存活的感病虫和获得的病毒则比室内围栏少。室外围栏的幼虫,因长时间处于阳光照射和土壤散热环境中(3 月下旬中午 14:00 时,离地 40 cm 高度的栏内温度为 38~42 ℃),虫体和松枝针叶失水严重,不利于幼虫取食、生长和病毒的感染与增殖；室外围栏内的残叶、粪便以及被埋没的虫尸，在雨后高温、高湿的环境下霉变、腐烂，对幼虫的污染是一个不可忽视的因素。而室内围栏可减少这些因素对松毛虫 CPV 复制的影响。所以，在室外安装围栏可采取遮阴防雨措施，以改善幼虫生活条件，增加接种 14 d 后的感病活虫所占比例，达到增加病毒产量的目的。

表 5-3 室内、室外围栏的病毒产量比较

设置地点	数量(个)	平均每栏集虫(头)	7 d 前的死虫占集虫总数比例(%)	7 d 后病、濒死虫			14 d 后剖取中肠的病虫			濒死虫、死虫平均含量(亿 CPB/头)
				占集虫总数百分比(%)	每栏病毒多角体产量(亿 CPB)	平均含量(亿 CPB/头)	占集虫总数百分比(%)	每栏病毒多角体产量(亿 CPB)	平均含量(亿 CPB/头)	
室内	12	8881	12.24	41.51	9917.81	2.69	44.37	25024.76	6.35	4.58
室外	12	8346	17.64	46.68	10479.51	2.69	33.62	12469.03	4.44	3.42

三、不同世代、虫种与病毒产量的关系

文山松毛虫、思茅松毛虫在云南每年发生 2 代，即越冬代(以 4~5 龄幼虫为主是 4~5 月)和第一代(7~8 月)。为比较不同世代的文山松毛虫、不同虫种之间文山松毛虫质型多角体病毒产量的差异，用不同世代的文山松毛虫和思茅松毛虫进行病毒增殖。

1985~1988 年文山松毛虫、思茅松毛虫不同世代的围栏增殖病毒的情况见表5-4，说明越冬代文山松毛虫的病虫回收率、单虫平均含量和病毒产量比第 1 代的高，每公顷 3000 亿 CPB，生产成本比第 1 代低。究其原因，一是松毛虫越冬代幼虫其虫龄整齐，为 6~7 龄，而第 1 代虫龄不整齐，为 5~7 龄；其次是松毛虫第 1 代幼虫期处于云南的雨季，虽然在围栏上方用了塑料薄膜防雨，但雨水仍从土壤中，尤其是从埋压围栏薄膜的浅沟槽的土壤中渗入栏中，加速了虫粪、残枝叶和埋没虫尸的霉变、腐烂并污染了幼虫，使幼虫不能够正常生长，影响了病毒产量。1988 年在禄丰县和平乡利用越冬代思茅松毛虫围栏增殖病毒，此虫体软，足上齿钩发达，集虫机械损伤大，故病虫回收率低。但该虫单虫虫重(单虫重 8.0~10.5 g，文山松毛虫的单虫重 2.0~2.5 g)，器官生物量大，单虫产病毒量多，集虫总产量相当于文山松毛虫的产量。

表 5-4　文山松毛虫、思茅松毛虫不同世代与病毒产量的关系

虫种	世代	接种浓度（CPB/ml）	集虫数（万头）	回收虫数（万头）	回收率（%）	病毒总产量（万亿 CPB）	平均含量（亿 CPB/头）	病毒投入产出比	3000 亿 CPB/hm² 费用(元)
文山松毛虫	越冬代	5×10^6	32.75	30.66	93.64	65.92	2.15	1：573.21	4.35
		1×10^7	35.71	30.99	86.78	114.08	3.68	1：363.42	3.45
	第1代	5×10^6	19.48	11.36	58.33	21.14	1.86	1：325.19	9.45
		1×10^7	17.11	13.82	80.82	41.49	3.00	1：263.45	6.00
思茅松毛虫	越冬代	4×10^7	17.60	9.68	54.98	41.02	4.24	1：65.11	6.15

四、不同接种浓度的围栏复制效果

　　为比较不同接种浓度对松毛虫质型多角体病毒产量的影响，使用 1×10^6、1×10^7、1×10^8 CPB/ml 等 3 种浓度的病毒感染液喷洒松针，喂饲 6~7 龄文山松毛虫，增殖病毒。每个浓度处理 4 个围栏。

　　试验结果表明（表 5-5），虽然病虫回收率与接种浓度呈负相关，与单虫多角体平均含量无相关性，但是与病虫回收率和单虫多角体平均含量的乘积有关。用浓度 1×10^7 CPB/ml 的病毒接种 6~7 龄文山松毛虫，接病 15 d 时采收，病虫回收率可达 80%，单虫多角体平均含量在 2 亿 CPB 以上，病毒产量和单虫平均含量均为浓度 1×10^6 CPB/ml 接种的 2 倍，病毒投入产出比为浓度 1×10^8 CPB/ml 接种的 10 倍。由此可以看出，使用病毒浓度 1×10^7 CPB/ml 接种 6~7 龄文山松毛虫(包括体重大致相同的德昌松毛虫，在围栏复制中能够获得理想的感染和增殖效果。所以，1×10^7 CPB/ml 是接种 6~7 龄文山松毛虫的最适浓度。

表 5-5　不同接种浓度在围栏复制中的效果

接种浓度（CPB/ml）	试验重复	每栏集虫数(头)	病毒投入量（亿 CPB）	回收病虫数(头)	回收率（%）	病毒产量（亿 CPB）	平均含量（亿 CPB/头）	病毒投入产出比
1×10^6	1	7298	12	6850	93.86	8297.35	1.21	1：691.45
	2	9583	12	8657	90.34	10570.10	1.22	1：880.84
	3	12040	12	11180	92.86	13371.25	1.20	1：1114.27
	4	9067	12	8206	90.50	9982.90	1.22	1：831.91

（续）

接种浓度 （CPB/ml）	试验 重复	每栏集 虫数（头）	病毒投 入量 （亿 CPB）	回收病虫 数（条）	回收率 （%）	病毒产量 （亿 CPB）	平均含量 （亿 CPB/条）	病毒投入 产出比
	1	8990	120	7790	86.65	20770.44	2.67	1：173.09
$1×10^7$	2	9897	120	8174	82.59	21577.00	2.64	1：179.81
	3	10723	120	9487	88.47	24796.54	2.61	1：206.64
	4	9859	120	8882	90.09	23495.14	2.65	1：195.79
	1	12136	1200	10220	84.21	18150.75	1.78	1：15.13
$1×10^8$	2	11266	1200	9050	80.33	16276.00	1.80	1：13.56
	3	11882	1200	9203	77.45	16345.69	1.78	1：13.62
	4	10780	1200	8580	79.59	15181.90	1.77	1：12.65

五、中肠病变程度与病毒产量的关系

松毛虫质型多角体病毒感染松毛虫幼虫后其中肠病变程度与病毒产量有差异（陈昌洁等，1990）。为比较文山松毛虫感染病毒后，不同采收时间、中肠色泽（黄绿色、黄色、黄白色与乳白色）与病毒产量的差异，在不同浓度围栏复制病毒试验中，每个围栏于不同感病时间，挑选 50 头虫，剖取中肠，记录其感病后的中肠颜色，将所收集感病幼虫的中肠带回实验室提取病毒并计数。

研究结果表明（表 5-6），在同一接种浓度下，病虫采收日期不同，中肠病变颜色和病毒产量是不一样的。在不同接种浓度下，即使采收日期相同，中肠病变颜色和病毒产量也有差别。用各浓度试验重复次数的平均值，作病虫采收期与病毒多角体累积增殖量关系的曲线。接种浓度 $1×10^7$ CPB/ml 的增殖量几乎呈直线上升。表明此浓度的病毒感染质量高，多角体病毒在虫体中增殖的速度是持续发展的。从中肠病变程度划分的颜色看，是由黄绿色经黄色、黄白色向乳白色变化。到第 15 d 时，已有足够的感染与增殖时间，此时，中肠病变颜色呈乳白色，体重约 1.5 g 的病虫成活率仍占集虫数的 1/3，所产病毒占 7 d 后病死、濒死虫所产病毒的 2/3，单虫病毒多角体累积增殖量平均达到 4 亿 CPB 以上，多数病虫肛门没有粪便粘连，此时是最佳采收期，能够获得最大的病毒增殖量。浓度 $1×10^8$ CPB/ml 和 $1×10^6$ CPB/ml，在接种后第 15 d，虫体中肠病变颜色为黄白色，多角体病毒累积增殖量远差于浓度 $1×10^7$ CPB/ml。以 15 d 与 11 d 病毒净增量相比，接种浓度 $1×10^6$ CPB/ml 至 15 d 时虫体感染病毒还不够充分，此时病虫已停食一周，不可能再存活多久，如果用推迟采收时间，提高多角体增殖量的办法，使总产接近或达到 $1×10^7$ CPB/ml 水平是不可能的。浓度 $1×10^8$ CPB/ml 的病毒净增量不大，提高多角体累积增殖量也不可能。

表 5-6　感病虫不同采收其期中肠的病毒程度和病毒产量的关系

接种浓度 （CPB/ml）	试验 重复	每栏虫口 数量(头)	50 头幼虫中肠单虫多角体 （亿 CPB/头）及中肠颜色					平均含量 （亿 CPB /头）	15 d 比 11 d 净增病毒 （亿 CPB）
			7 d	9 d	11 d	13 d	15 d		
	1	7298	0.47	1.12	1.37	1.70	2.11	1.35	0.74
	2	9583	0.44	0.96	1.49	1.63	2.03	1.31	0.54
$1×10^6$	3	12040	0.50	1.13	1.32	1.61	2.23	1.36	0.91
	4	9067	0.52	0.87	1.31	1.78	2.28	1.37	1.07
			黄绿色		黄色		黄白色		
	1	8990	0.85	2.14	2.85	3.42	4.12	2.68	1.27
	2	9897	0.78	1.79	2.95	3.75	4.21	2.70	1.26
$1×10^7$	3	10723	0.91	1.89	2.63	3.79	4.36	2.72	1.73
	4	9859	0.80	1.56	2.93	3.77	4.19	2.65	1.26
			黄绿色		黄色		黄白色	乳白色	
	1	12136	0.84	1.81	1.97	2.21	2.25	1.82	0.28
	2	11266	1.00	1.56	2.16	2.37	2.52	1.92	0.36
$1×10^8$	3	11882	0.94	1.64	1.93	2.00	2.43	1.79	0.50
	4	10780	0.79	1.55	2.13	2.26	2.37	1.82	0.24
			黄绿色		黄色		黄白色		

注：参试虫为 6~7 龄文山松毛虫，每个围栏抽样 50 头幼虫。

六、体重、排粪量与感染日期的关系

　　为掌握松毛虫幼虫在接种病毒后其体重、排粪量与感病时间的变化规律，采用两个接种浓度，即 $1×10^6$、$1×10^7$ CPB/ml 病毒感染针叶，处理 50 头幼虫。针叶束捆扎后，浸入相应浓度的病毒液中，1 min 之后取出阴干(对照用蒸馏水)。每瓶(500 ml 玻璃瓶)放入经处理的 30 束针叶之后，再放进幼虫 10 头，隔日更换新鲜针叶(未处理)，并清洁饲养瓶，幼虫和虫粪称重。第二次施药时间是在首次喷药之后 2 d。

　　对室内饲养的 6 龄文山松毛虫(每瓶 10 头)作感病毒处理，将所得数据(表 5-7)作接种后幼虫体重、排粪量与感染日期关系的曲线，可以看出，各处理组在接种后第 4 d，幼虫体重均出现一个高峰值，这一峰值与幼虫取食针叶量的峰值相一致。由于幼虫体重是幼虫取食后机体营养、生长效果的反映，因此，幼虫体重(或取食量，测定取食量较难)峰值出现的日期(据观察，浓度 1×10^8 CPB/ml 处理在感染后的第 2 d，浓度 1×10^6 CPB/ml 处理一般在感染后的第 6 d)以及感染后第 12 d 的体重与感染时体重的差别，与感病活虫回收率及其病毒产量直接相关。从排粪量曲线走势看，1×10^7 CPB/ml 两处理组一直下降，1×10^6 CPB/ml 两处理有峰值出现(日期分别在第 2 d 和第 4 d)，以及各处理组曲线下滑的缓急，也与接种浓度、次数、病毒增殖相关。因此，所得幼虫体重、排粪量与感染日期关系的试验数据，在病毒生产中用于判断集虫虫质好坏，病毒毒力与用量以及估量感染增殖效果等方面都有重要的参考价值。

表 5-7 幼虫体重、排粪量及感染日期与病毒含量的关系

接种浓度(CPB/ml)	接种次数	供试虫数(头)	接种前、后单虫体重及虫粪重的变化								回收感病活虫数(头)	回收率(%)	CPB 含量(亿 CPB/头)
			重量	0 d	2 d	4 d	6 d	8 d	10 d	12 d			
1×10^7	2	50	体重/g	1.17	1.39	1.42	1.33	1.20	1.11	1.00	37	74.00	1.60
			粪便/g	1.23	1.00	0.68	0.28	0.17	0.10	0			
	1	50	体重/g	0.99	1.34	1.38	1.33	1.25	1.23	1.03	41	82.00	2.79
			粪便/g	1.05	0.91	0.75	0.59	0.28	0.10	0			
1×10^6	2	60	体重/g	1.02	1.36	1.40	1.30	1.12	1.11	1.07	50	83.33	2.71
			粪便/g	1.16	1.34	1.13	0.91	0.26	0.20	0.14			
	1	60	体重/g	1.03	1.18	1.40	1.34	1.27	1.14	1.10	51	85.00	2.07
			粪便/g	1.20	1.26	1.28	1.00	0.50	0.24	0.17			
对照		30	体重/g	0.85	1.59	1.61	1.80	1.88	1.94	2.00		100.00	0
			粪便/g	1.13	1.48	1.50	1.56	1.59	1.65	1.51			

七、结 论

围栏增殖松毛虫质型多角体病毒技术较好地解决了适合的宿主、最适宜的接种量和饲养条件三者间的相互关系，同时最大限度地缩短病毒从接种到采收的时间，从而获得最大的的经济效益。在进行病毒增殖时，强调对集虫虫质、接种用叶量、体重(或取食量)峰值出现日期加以监督与控制，并在松毛虫幼虫饲养管理过程中，尽可能采取一切有利于幼虫正常生长、取食、感染与增殖的措施，使之增加感病活虫所占比例，从而达到增加病毒产量的目的。围栏集虫增殖的效果，优于林间套笼、移虫、圈养等集虫增殖。此增殖方式采用饥饿接种方法，有效地控制幼虫取食病毒量，因此病毒感染质量高，增殖产量大。围栏集虫增殖，较之林间高虫口喷毒增殖，具有较高的病毒投入产出比，能够保持病虫的回收率达 80%、单虫多角体平均含量达到 2 亿 CPB 以上。但围栏增殖松毛虫 CPV 过程中存在集虫时幼虫易受机械损伤的问题。要解决此技术问题可将饥饿接种松毛虫 CPV 2 d 后的幼虫圈养或放养于林间。这不仅可以解决取用枝叶和换叶机械损伤幼虫的难题，而且为幼虫创造了一个比原来更为良好的生活环境，自由取食鲜叶、正常生长以及进行病毒的繁殖增生。究竟多少株林木及其叶量能够圈养或放养多少头幼虫，这个问题很不容易解决，是今后松毛虫 CPV 增殖的研究内容。就当前我国松毛虫质型多角体病毒的 2 种增殖方式而言，由于林间规模增殖，并非在每公顷喷洒 3000 亿病毒多角体都有稳定的 1∶10(或 1∶5)的投入产出比回报，因此更应利用饥饿接种后圈养或放养林间这一项集虫增殖技术，并加以完善。

围栏复制概括起来有 4 个技术要点：①围栏设置，包括围栏制作、场地选择和围栏安装；②增殖幼虫的采集，指宿主虫龄选择、使用的采集工具和采集方法；③感染病毒的方法及围栏管理，包括病毒感染液制备，感染浓度的确定，感染方法及围栏管理等；④感病虫回收和保存，其内容有感病虫回收时间的确定和感病虫的回收及保存。用此方法，在遮阴条件好的林下或果园内，选择不易积水的背风缓坡地带设置围栏，采集 6~7 龄文山松毛虫或德昌松毛虫，选用 $1×10^7$ CPB/ml 浓度的病毒接种，接种后 13~15 d 回收感病虫，其感病虫回收率可达 80% 以上，单虫含量达 2.0 亿 CPB 以上。

第三节 DpwCPV 增殖新方法

昆虫病毒只能在活体或活细胞中繁殖(陈昌洁，1990)。松毛虫病毒研究始于 20 世纪 80 年代初，通过 20 余年研究工作，已研究出多种病毒的复制方式：①离体细胞增殖病毒(陈昌洁，1990)；②人工饲料饲虫复制病毒(陈昌洁，1990)；③人工饲养替代宿主复制病毒：棉铃虫、粉纹夜蛾(*Trichoplusia ni*)、银纹夜蛾(*Argryrogramma agnata*)等作为增殖松毛虫质型多角体病毒的替代宿主(陈昌洁，1990；曾陈湘等，1997；马永平，2001)；④天然饲料饲虫接毒复制病毒(陈昌洁，1990；曾陈湘，1996)。利用天然饲料复制病毒，按最初复制病毒所用宿主的生活期，松毛虫病毒增殖种类分为卵块增殖和幼虫增殖两大类。卵块增殖又分室内和林间生产法；幼虫增殖依据幼虫的多少和复制病毒规模的大小，分为套笼(王志贤，1984)、挂笼(胡光辉等，1999)、围栏[又分最初型(刘清浪，1986)、改进型(胡光辉等，1998；

叶林柏，1988）和固定型（陈昌洁，1990；胡光辉等，1996；胡光辉等，1999；陈尔厚，1999）］和林间［间接增殖（胡光辉等，1999）、直接增殖（胡光辉等，1999；陈昌洁，1990）］等4种方式。其中固定型围栏增殖松毛虫病毒和林间高虫口直接增殖松毛虫病毒，已为生产单位所普遍采用，云南省累计应用病毒防治松毛面积约为 6.67 万余 hm^2，取得较好的防治效果和持效作用。近年来在生产上，云南省林科院病毒课题组和云南省森防总站，又研究摸索出大型围栏和开放式围栏增殖病毒的两种新方法，本书主要介绍这两种病毒复制的应用关键技术，为松毛虫病毒大规模生产提供技术参考。

一、大型围栏增殖松毛虫病毒

（一）普通围栏和大型围栏的差异

常用的围栏，是塑料薄膜经塑料封口机加工而成，其规格：长×宽×高为 2 m×1 m×1 m，围栏每隔 1 m 留有一条直径 7.0~8.0 cm 固定缝，以供围栏安装时穿插固定围栏的材料之用，固定围栏的竹竿要6根，长度为 1.5 m；栏内插有长短不一的竹竿7根（2.0 m 长3根；1.5 m 长4根）悬挂松枝。换叶时需要把松枝上的幼虫全部抖下，再换上新鲜松枝。工作量很大，工作环境极其恶劣，如更换针叶敲动松枝抖落松毛虫时，毒毛随之振落，肉眼清晰可见毒毛漫天飞扬，极易刺痒皮肤，刺伤眼睛。每栏固定围栏和悬挂松枝需要竹竿13根，一旦病毒生产规模扩大，如一次安装60个围栏，则需780根竹竿，运输和安装极不方便。

大型围栏表面上看似围栏的规模扩大，但制作方法不同，其制作简单、容易操作，不需塑料封口机。大型围栏的长度和宽度不固定，可根据增殖林地面积大小进行适当调整，一般长度为 12.0~30.0 m；宽度为 1.8~2.5 m，高度为 40~50 cm，支撑围栏塑料薄膜的物体最好用表面光滑的竹竿，没有竹竿，树枝削光亦可。大型围栏所需材料：塑料薄膜在县城和乡镇所在地的农资市场均可购买到；固定围栏和支撑松枝的材料，可于围栏设置林地的周围林分就近取材。

（二）大型围栏的安装

每间隔 2.0~3.0 m 设 1 木桩，桩高为 50.0~60.0 cm，桩钉于栏外；塑料薄膜剪成 40.0~50.0 cm 宽（一般围栏塑料薄膜宽度是 100 cm），并用宽胶带固定于木桩上，薄膜下端用土掩埋压实，以防幼虫爬出栏外。栏内悬挂松枝的材料用带杈的木桩和树杆：桩高 80.0~90.0 cm，钉入土后尚剩余 50.0~60.0 cm，丫杈向上以支撑悬挂松枝的树杆；栏内在距围栏宽边 50.0 cm 和长边 25 cm 交叉处平行设置树杆两根，高度以松枝悬挂后刚好触地为宜，长度因围栏设置长度而定。

(三)场地选择

设置围栏的场地，以不受太阳暴晒、遮阴条件较好的林下或果园内[如板栗园、核桃(*Juglans sigillata*)园、荔枝(*Litchi chinensis* Sonn.)园等]，不易积水，背风的缓坡地带为佳。在朝阳的林地，可用草席或阔叶树的枝叶搭棚遮阴。为便于管理，围栏设置宜集中成片，尽可能避免在山坡风口处安装围栏，因风口处空气流动强，松针失水快，影响幼虫取食针叶，缩短幼虫感病后存活时间，从而降低病毒单虫多角体含量，影响复制效果。

(四)宿主虫龄、感染浓度和饲养管理

(1)宿主虫龄。增殖用松毛虫虫龄选择 6~7 龄幼虫，即在幼虫结茧前两周，从林间采集幼虫投放到大型围栏内。采集幼虫方法和使用工具详细可参阅陈尔厚(1999)研究论文。

(2)感染浓度。对小型松毛虫如文山松毛虫、德昌松毛虫、马尾松毛虫和赤松毛虫等所用浓度为 1×10^7 CPB/ml；对大型松毛虫如云南松毛虫和思茅松毛虫，感染浓度相应有所提高，达到 $(4.0~5.0)\times10^7$ CPB/ml。喷洒剂量以松针湿润但不滴水为度，所用叶量必须保证足够幼虫取食 2 d。为确保感染效果，最好喷洒两次病毒液，第二次施药时间是在首次喷药之后 2 d，添加新鲜松枝时一同进行。

(3)饲养管理。感染期内的饲养管理，对病毒产量具有重要作用。病毒感染初期，须 2 d 更换 1 次新鲜针叶。此时，幼虫继续生长发育，体重、取食量仍有增加，一般能够取食完第二次更换的鲜叶。一周后，幼虫食欲明显减退或停食，换叶的作用是为了遮阴保湿和分散幼虫。在病毒感染增殖期内，要及时清除死虫，防止杂菌污染；要调整松枝，遮阴防雨，减少高温高湿对病毒增殖的不利影响。

(五)采收时间的确定

感病虫回收时间的早晚，直接影响病毒单虫多角体含量的高低。对质型多角体病毒增殖而言，一般在接种病毒后 13.0~15.0 d，出现松毛虫虫体细长，体色变浅，肛门处粘有白色粪便或口吐乳白色液体，中肠病变颜色呈黄白色或乳白色，肠壁加厚肿胀，横纹褶皱加深等感病症状，此时幼虫感染时间充分，病毒累积增殖量最大，采收时间最为理想。对核型多角体病毒(NPV)来讲，宜在接种后 7.0~9.0 d，当松毛虫虫体触之柔软、内部组织液化，体壁变脆，触之即破，轻压虫体，口腔和肛门流出黄褐色液体等感病症

状，即可回收感病虫。若回收时间延后，一方面虫体触之易断裂，不易捡收；另一方面，感病虫体壁极易破裂，病毒随即由裂口处溢出，从而降低病毒产量。

二、开放式围栏增殖松毛虫病毒

(一)开放式围栏与围栏增殖和林间增殖的异同点

开放式围栏是综合了围栏增殖病毒和林间高虫口接毒增殖病毒的优点，而创新出的松毛虫病毒增殖新方法。

围栏增殖松毛虫病毒，具有节省病原用量、感染效果好和易于回收感病虫等优点。不足之处：一是围栏空间小，仅仅 2.0 m^2/栏，幼虫活动空间小，常相互挤压致死；二是更换新鲜针叶时，工作量较大，一个临工每天只能更换 3~4 个围栏的松枝。

林间增殖病毒，具有幼虫分散均匀、饲料充足的优点。不足之处：一是所选增殖林分接种时需要全面喷雾，病原用量大；二是感病虫回收率低，因增殖林地四周没有阻挡幼虫爬出的设置，幼虫取食完喷过药的针叶常会四处乱爬寻找食物，回收感病虫时易被遗漏，从而降低感病虫回收率。

(二)增殖林分选择和面积的确定

增殖林分一般选择在 8~10 年生左右的云南松同龄林内，虫口密度及有虫株率都高的林分作为增殖理想林地，林地四周最好有明显界限。林地内虫口密度一般为(70.0~80.0)头/株，有虫株率 80%以上。一般林内虫口密度都低，可从其他林分采集幼虫投放到所选林地内。开放式围栏增殖林地的面积，可根据林地具体情况放大或缩小，小到 20.0~30.0 m^2/栏，大的可至 300~400 m^2/栏。围栏设置数量，根据增殖病毒需要幼虫数量多少而定。

(三)围栏的安装

在所选增殖林地四周，开挖一条宽 3.0~5.0 cm 的浅沟，其深度以能掩埋住塑料薄膜，幼虫爬不出围栏为宜。用薄膜围住增殖林分四周，薄膜长度以林地周长为准，高度 40.0~50.0 cm 即可。支撑薄膜的木杆或竹竿，高度 60.0~70.0 cm，钉于薄膜之外；若在薄膜内，幼虫会沿杆上爬，逃逸到栏外。林地内若有少量树高 7.0~8.0 m 以上的松树，可在松树胸高处缠一圈薄膜，宽度为 15 cm 左右，可防止幼虫爬上树。

(四)感染方法和饲养管理

开放式围栏增殖病毒，其感染浓度、施药剂量和感病虫回收时间等均与大型围栏相同，在此不再赘述。

开放式围栏的管理内容主要是添加新鲜针叶和分散幼虫。新叶 2 d 换一次，一般就近取材，若附近饲料不够，有条件可远处剪取，用车运来；条件差的可请临时工，从较远处挑来。当天砍下的枝叶，最好当天添加到增殖林地内。在添加针叶时，有意把松枝放到幼虫密集的地方，以便让幼虫爬上枝条，再把枝条放于虫口较少处，以利于幼虫分散，充分取食。一旦发现幼虫密度过大，相互干扰乱爬时，应及时采用引虫上枝或移动松枝的办法，使幼虫分散均匀，避免幼虫过于集中，相互挤压致死。

三、结果与讨论

(一)控制幼虫投放量，提高病毒增殖效果

大型围栏和开放式围栏增殖松毛虫病毒，单位面积幼虫投放量以 $4\sim6$ kg/m² 为宜。栏内幼虫投放数量过多，易引起幼虫相互挤压，造成机械损伤，使幼虫提前死亡，从而降低病毒增殖效果。幼虫投放量太少，则会增加围栏数量，扩大饲养工作量，增加病毒用量，增多管理围栏的临时工人数，提高病毒生产成本。

(二)因地制宜，采用不同的病毒增殖方法

大型围栏增殖病毒，适应于中龄林占多数，树高在 7.0 m 以上、松树长势较好、树冠的冠幅宽，易于剪取松枝的林分。开放式围栏增殖病毒，适合于幼林占优势、树高在 $3.0\sim4.0$ m 的低矮林分。无论是开放式围栏，还是大型围栏，都只是病毒增殖的方法之一，不可片面地认为开放式围栏最好，或大型围栏不行，应根据林地树高的具体情况，决定采用何种形式，如果条件适合两种形式可同时使用。

(三)对林中树木生长的影响

大型围栏和开放式围栏增殖病毒，在病毒增殖过程中均需要给松毛虫添加松枝，会对增殖场地周围林木生长造成一定影响。开放式围栏还会使小面积林分树木针叶全部被幼虫吃光，降低林木当年生长量。因此，在取松枝时采取合理修枝，下次增殖时另换地点，对林木生长影响会降低。因为树木具有超补偿作用：合理修枝不仅能提高油松(*Pinus tabuliformis* Carrière)的光合强度与树势，还能增强其抗虫性(周章义和李景辉，1993)；油松在 100% 失去一年生针叶后，第 2 年高生长降低，针叶长度也明显变短，但第 3 年再次测量高生长和针叶长度时，各处理之间差异不明显，可见油松具有很高的补偿能力(许志春等，1996)。

第六章
DpwCPV 提取及制剂开发

前面章节，我们对 DpwCPV 的形态结构、理化特性、病毒交叉、病毒生产技术、提取工艺、林间应用技术及安全性等进行了系统叙述。为使该病毒形成商品化生产，在全省性大面积防治松毛虫中推广应用，在国内以往剂型研制的基础上，根据云南的地形、气候及林区特点，进行了 DpwCPV 新剂型的研制。

第一节　DpwCPV 提取

一、增殖用病毒的提取

(一)感病中肠的提取

1. 感病虫中肠收集

从增殖 DpwCPV 的围栏中，选择接种 15 d 左右、体重 1.0~1.5 g/头的感病幼虫，剖取中肠。收集病变颜色为黄白色至乳白色、肠壁肿胀且多褶皱的中肠，冰藏备用(陈尔厚，1999)。

中肠剖取方法：先夹一撮幼虫到蜡板或塑料板上，在幼虫爬动时，迅速从其第 2 对腹足的背方开口或剪掉一块皮，大小适当。一手持镊子拉起冒出的中肠，一手用剪刀下压虫体同时截断前肠和后肠。中肠朝什么方向拉起，视剪下全部中肠而定。所收集中肠用 1~5 kg 塑料小桶分装，带回实验室自解、提取病毒。当室温较高时，要经常观察塑料桶，因幼虫中肠在其自然腐烂过程中会产生气体，致使装中肠的塑料桶发肿，应及时拧开盖子，释放气体，以免其过度膨胀，在打开盖子时将中肠洒出，造成浪费。

2. 感病虫中肠病毒提取

室温保存 1~2 个月的中肠待其自解后，在匀浆机中用 3000 r/min 转速切碎组织 10~15 min，用 30 倍蒸馏水或自来水稀释搅拌，100 目尼龙纱过滤 1次，120 目尼龙纱过滤 2 次，滤液以 500~1000 r/min 转速，在 LXJ—Ⅱ型离心机中离心 2~3 min，弃掉沉淀取上清液，上清液再以 3000 r/min 转速离心25~30 min。一次低速(500~1000 r/min)一次高速(3000 r/min)此为一轮差速离心。沉淀以 30 倍水稀释搅拌，如此共重复 3 轮次差速离心，所得病毒经匀浆机低速搅拌，计数后，悬浮于 50% 中性甘油中，冰藏备用。每克饴浆含多角体达 4 亿~5 亿。再加水搅匀，经差速离心后多角体含量每毫升可达 8 亿CPB，到第 3 次差速离心后病毒多角体含量则达 10 亿 CPB/ml。采用差速离心方式多次提纯，得到较为纯净的病原，其制剂中病毒多角体含量极高，每毫升可达 10 多亿 CPB，病原中杂菌少，是最理想的增殖病原。

若置于室温下的病毒饴浆，则需添加 0.001% 洁尔灭或 0.003% 洗必泰，搅拌计数后备用，但放置时间不宜过长。病毒粒子极小，在 100~400 倍显微镜下，只是一个亮点，所以，病毒多角体计数时其大小确定标准是，应不小于血球计数板两中格间距(即双线宽度)的 1/4。

(二)感病虫尸提取

挑选最近一次塑料围栏集虫复制或林间复制松毛虫 CPV 具有典型松毛虫CPV 感病症状的虫尸，切碎后按虫尸与水 1∶5 比例加水搅拌洗脱病毒，经 80目、100 目和 120 目 3 层纱网过滤；虫渣再加水洗脱过滤一次后丢弃。两次洗脱所得滤液拌均匀后，使其自然沉降 4~5 h，放掉上层液，下层液用 LXJ-Ⅱ型离心机，3000 r/min 转速离心 15~25 min。离心时间和速度的确定，以上清液中镜检不含多角体(CPB)为度。在所得病毒饴浆中添加适量的中性甘油、抑灭菌剂、乳化剂和光保护剂配制成病毒乳悬剂，拌均后抽样测定病毒 CPB含量，于室温下保存备用。

二、生产用病毒的提取

(一)病毒提取方法及流程

感病虫多角体的产量，取决于野外病毒增殖效果和室内病毒的提取率。松毛虫 CPV 只在幼虫中肠的上皮细胞内增殖，而中肠重量仅为松毛虫重量的1/10，故较难从感病虫体内提取病毒。目前国内外病毒提取方法主要有 4 种：

(1)虫尸干燥粉碎法。将野外增殖收集或室内增殖的感病幼虫，冷冻干燥，碾磨成粉制成粉剂(张光裕，1987)。此法所需设备的投资大，一般林业使用部门难于承受。

(2)中肠提取法。人工选取感病活虫，解剖虫体剪取感病幼虫有明显皱褶的中肠，待其组织自解后，加少量蒸馏水，用 YQ-3 型匀浆机 3000 r/min 匀浆 30 min，加 10 倍体积的磷酸(pH 为 6.81)缓冲液搅拌。静置 24 h 后，沉降物置 LXJ-Ⅱ型离心机 3000 r/min 离心 5 min 去渣；悬浮液以同样转速离心 5 min 去渣。上清液以 3000 r/min 离心 25~30 min，可获得较纯净的黄白色多角体饴浆。该法适宜林间或围栏复制松毛虫 CPV 提取感染病原时采用。由于剪取感病幼虫中肠的工作费工、费时，针对林间大面积防治松毛虫时，采用此种病原提取该方法，不能满足生产单位需求(陈尔厚，1999)。

(3)虫尸磨浆法。虫尸称重后加 3 倍虫尸重的 0.7%氯化钠溶液和 0.1%~0.2%家用洗洁精，置电动磨浆机中磨成匀浆，经 30~80 目尼龙纱过滤 3 次，滤渣再用少量上述溶液洗涤 1 次，过滤后将滤液合并，经 5000 r/min 转速离心 3 min 去渣，再用 2000 r/min 转速离心 10 min 沉淀多角体。所收集的沉淀再用 5 倍体积的上述溶液悬浮并搅拌 20~30 min，重复上述差速离心程序，获得粗制多角体(叶林柏，1988)。此法适于处理少量的感病虫尸。对大量感病虫，如 500~1000 kg 的感病虫，则不适合。

(4)整虫切碎提取法。所用设备有切肉机、家用洗衣机、家用脱水机和 LXJ-Ⅱ型离心机。①虫尸漂洗。取围栏增殖(或林间喷毒增殖)经 3%食盐处理的虫尸，加水 5 倍淘洗虫体 1 次。淘洗时尽量除去尘土、食盐渍出的体液、杂菌以及臭味。②虫尸切割和磨碎。捞出的虫尸，经切肉机 2 次切割成段(块)。萎缩变干的虫尸，则用磨浆机磨碎。切碎的虫尸按虫尸与水 1:5 或 1:10 的比例加水置于洗衣机中搅拌 12 min，于 80 目尼龙纱袋中脱水 2 min，洗出的病毒液过 100 目、120 目和 140 目筛各 1 次，此为虫尸的第 1 次洗脱液。虫渣按上述比例再加水搅拌 6 min，脱水 2 min 过滤，此为虫尸第 2 次洗脱液。两次滤液混合后置 LXJ-Ⅱ型离心机中，以 3000 r/min 转速离心 25~30 min 收集病毒饴浆。所得 CPB 加 50%甘油计数后，于室内或 3~5 ℃冰箱内保存备用(图 6-1)。用该法提取病毒，设备简单、投资较少，适合大规模提取病毒时采用(胡光辉，1999)。

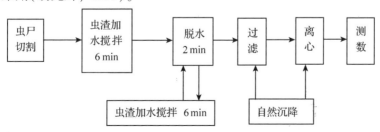

图 6-1　整虫切碎提取 CPB 的流程

　　感染前,将上述备用病毒(冰藏的必须解冻)摇匀后,按宿主的不同,分别配制成浓度为 $1×10^7$ CPB/ml 或 $4×10^7$ CPB/ml 的病毒感染液供使用。

　　随着森林生防工程的需要,病毒用量不断扩大,病毒提取工艺不断改进,切肉机改为切割机(此处特指猪饲料切割机);洗衣机搅拌虫渣改为用定制的搅拌机来洗涤虫渣,其容量提高到 300~500 L,较原来的洗涤量提高了 10 倍。家用洗衣机脱水变为工业型脱水机。差速离心提取病毒改为滤液自然沉降,放弃上清液,病毒沉淀干燥后制成粉剂。

(二)影响病毒回收率的因素

　　整虫切碎提取松毛虫 CPB,影响其回收率的因素主要有 3 个,即:虫尸洗涤次数、加水比例和离心时间。此外,滤液自然沉降时间的长短也影响病毒提取回收率。

表 6-1　4 种加水比例所得第 1 次和第 2 次沉降 CPB 的结果

试验重复	加水比例	第 1 次滤液			第 2 次滤液			第 1、2 次滤液 CPB 总量(亿 CPB)	单虫 CPB 含量(亿 CPB)	第 1 次滤液 CPB 所占比例(%)
		液重(kg)	2.0kg 液CPB 含量(亿 CPB)	CPB 总量(亿 CPB)	液重(kg)	2.0 kg 液CPB 含量(亿 CPB)	CPB 总量(亿 CPB)			
1	1:5	5.90	974.93	2876.01	5.16	103.93	268.13	3144.14	5.15	91.47
	1:10	10.36	534.48	2768.61	10.04	21.42	107.52	2876.13	4.17	96.26
	1:15	15.50	342.09	2651.12	15.10	11.83	89.24	2740.36	4.49	96.74
	1:20	20.34	251.10	2553.69	20.06	5.26	52.76	2606.45	4.27	97.98
2	1:5	5.87	959.98	2817.54	5.05	95.03	239.93	3057.47	5.00	92.15
	1:10	10.50	526.90	2766.23	9.80	20.90	102.41	2868.64	4.70	96.43
	1:15	15.56	346.32	2694.37	14.94	9.93	74.10	2768.47	4.53	97.32
	1:20	20.32	259.07	2632.05	19.90	4.97	49.55	2681.60	4.39	98.15

1. 虫尸洗涤次数对 CPB 回收率的影响

　　叶林柏(1991)用 7 个样品,每个样品洗脱 7 次,每次滤液称重并测定 CPB 含量,计算每次洗出的 CPB 占 7 次总 CPB 量的百分率。结果前两次洗脱的回收率为 94.77%,前 3 次的回收率达 98.71%。云南省林科院松毛虫病毒研究组,用 4 种虫尸加水比例 1:5、1:10、1:15 和 1:20,每个处理称虫尸 1.0 kg,重复 1 次,共洗涤 2 次,将 4 种虫尸按比例加水洗出过滤的第 1 次滤液,第 2 次滤液,各抽样 2 kg 以 3000 r/min 离心 30 min 沉降 CPB(亿),计算每次洗出 CPB 的百分率,结果第 1 次洗脱所得 CPB 均在 90% 以上(表 6-1)。其结论与叶林柏(1991)相似,故从节省生产成本和缩短提取时间考虑,虫尸洗涤 2~3 次即可。

由表 6-1 可见，第 1 次滤液和第 2 次滤液获得的 CPB，以每千克虫尸测定值 611 头计，单虫 CPB 平均含量均达到 4 亿以上。从 1∶20 第 1 次滤液获得的 CPB 与 1∶5 第 1、2 次滤液 CPB 总量作提取比较，4 种加水比例第 1 次滤液获得的 CPB，提取率均达到 90%。从第 1 次滤液的病毒洗脱率来看，是加水比例越大病毒的洗脱率越高。但沉降病毒量，则是加水越多，获得沉降的病毒越少，说明虫尸加水的比例 1∶10 至 1∶20 不适合悬杯式小容量 LXJ-Ⅱ型离心机。

2. 加水比例和离心时间对 CPB 回收率的影响

用 4 种加水比例(1∶5、1∶10、1∶15 和 1∶20)和 4 种离心时间(15、20、25 和 30 min)对 CPB 回收率进行 2 因素 4 水平交叉试验，每个处理称虫尸 1.0 kg，离心方法与"1. 虫尸洗涤次数对 CPB 回收率的影响"中相同，4 种加水比例与离心时间交叉试验所测得第 1 次滤液 CPB 的结果见表 6-2。

表 6-2　4 种虫尸加水比例和不同离心时间第 1 次滤液的 CPB　　　　(亿)

虫尸∶水(A)	离心时间(B)							
	(B_1)30 min		(B_2)25 min		(B_3)20 min		(B_4)15 min	
1∶5(A_1)	2876.01	2817.54	2765.04	2655.12	2468.80	2512.42	2452.87	2453.31
1∶10(A_2)	2768.61	2766.23	2505.67	2554.44	2268.53	2359.42	2204.50	2282.60
1∶15(A_3)	2651.12	2694.37	2571.61	2563.26	2398.63	2337.89	2263.31	2304.75
1∶20(A_4)	2553.69	2632.05	2469.07	2441.25	2306.35	2279.70	2212.38	2244.14

为了计算方便，将所得数据同减 2500 亿 CPB，列成两种方式，进行方差分析(见表 6-3)。作 F 测验的结果表明，A×B 的互作不显著，B 和 A 对第 1 次滤液中 CPB 产量影响极显著。进一步求得 B、A 平均数的标准误 SE= 13.99。将 A、B 平均数的 LSR 值列表 6-4，显著性测验结果列为表 6-5、表 6-6。由表 6-5 可见，A1 与 A3、A2 有极显著差异，但 A3、A2 差异不显著。由表 6-6 可见，B1、B2 差异极显著，其次是 B3、B4。

表 6-3　两种方式分组方差分析

变异来源	自由度	平方和	均方	F	$F_{0.01}$
A	3	230154.15	76718.05	49.00	5.29
B	3	872960.58	290986.86	185.87	5.29
A×B	9	23108.89	2567.65	1.64	3.78
误差	16	25049.01	1565.56		
总和	31	1151272.63			

表 6-4　A、B 平均数 LSR

P	2	3	4
SSR0.05	3.00	3.15	3.23
SSR0.01	4.13	4.34	4.45
LSR0.05	41.97	44.07	45.19
LSR0.01	57.78	57.78	62.26

表 6-5　虫尸：水平均数的新复极差检验

虫尸：水(A)	平均数	差异显著性	
		0.05	0.01
A_1	125.14	a	A
A_2	−26.88	a	A
A_3	−36.21	a	A
A_4	−107.67	a	A

表 6-6　离心时间平均数的新复极差检测

离心时间(B)	平均数	差异显著性	
		0.05	0.01
B_1	219.95	a	A
B_2	65.68	a	A
B_3	−133.55	a	A
B_4	−197.77	a	A

综上所述，A×B 互作不显著，两因子最优水平 A_1B_1 与 A_1B_2。试验结果表明：离心时间对 CPB 回收率影响极显著，加水比例对 CPB 回收率影响显著。4 种加水比例，以 1∶5 回收 CPB 量最多，离心时间以 25~30 min 最佳。

3. 自然沉降时间长短对 CPB 回收率的影响

从洗涤次数对 CPB 回收率试验看出，随加水比例增加，虫尸第 1 遍 CPB 洗出率越高，即虫尸洗涤时，加水比例越大感病虫尸中 CPB 洗出越多，但加水比例大相应增加了病毒的离心时间。滤液自然沉降时间越长，上层液中 CPB 含量逐渐减少，下层液中 CPB 含量不断升高。加水比例越大，滤液中 CPB 的浓度越低，其自然沉降速度越快。从上下层液 CPB 含量的极差值，以加水比例 2∶100 最大，2∶80 次之，2∶60 最小得以证实(胡光辉，1999)。滤液自然沉降 24 h 后，2∶80 和 2∶100 两种比例上层液中的 CPB 含量分别为下层液的 6.62% 和 6.65%。说明在大量提取松毛虫 CPV 时，采取滤液自然沉降 24 h 后，去掉部分上层液，仅离心下层液的方法，缩短病毒提取时间，可保证病毒 CPB 的回收率达 80%，是松毛虫 CPV 提取的一种有效途径。若采用虫尸洗脱两遍，第 1 遍滤液全部经 3000 r/min 转速离心 30 min，第 2 遍滤液自然沉降 24 h 后倒掉上层液，仅离心下层液的病毒提取方法，既减少了病毒的丢失，又节省提取时间。该法适用于 LXJ-Ⅱ型离心机(1 次最大沉淀液量为 2.0 kg)大量提取病毒。

第二节　Bt-DpwCPV 复合微生物杀虫剂防治文山松毛虫效果

松毛虫质型多角体病毒(DCPV)作为一种微生物杀虫剂用于防治松毛虫已有几十年的历史，在云南省累计防治面积超过 4282.3 万 hm^2，已取得较好的防治效果和持效作用。但由于其感染致病死亡进程较长，文山松毛虫的 DCPV 生测感染浓度为 $1×10^8$、$1×10^7$ 和 $1×10^6$ CPB/ml，半数致死时间(Lt50)分别为 13.73、15.65 和 23.85 d(陈尔厚，1987)，难于快速控制林间松毛虫高虫口种群，加上病毒产量受到虫龄、虫口密度、天气等因素限制，不能满足生产上大量使用需要。不同种类的生物杀虫剂混用可提高杀虫效果，如棉铃虫核型多角体病毒(NPV)与卵磷脂混用感染棉铃虫可提高感染率 38%；美洲粘虫(*Pseudaletia unipucta* Granulosis)NPV 与颗粒体病毒(GV)混用，使粘虫的死亡率达 80%，而单独使用其死亡率只有 3.4% 和 20%。DCPV 与白僵菌(Bb)混用，使松毛虫死亡率由 60%~65% 提高到 75%~85%。将 DpwCPV 和具有快速致死作用的苏云金杆菌杀虫剂(Bt)混用也是一种有效利用微生物杀虫的方法。

本试验的目的在于林间松毛虫幼虫防治后，允许保留一定数量的松毛虫幼虫的种群，以提高其残存种群中个体 DpwCPV 感染率，充分发挥 DpwCPV 经卵传递的持续感染作用。

一、文山松毛虫死亡率 70% 的不同 Bt 浓度效果

农药的生物测定常用浓度死亡率指标有 4 个：30%、50%、70%、90%，即 Lc30、Lc50、Lc70、Lc90。选择 70% 的死亡率为 Bt 生测的指标，既能满足工业化大量生产 Bt 制剂，又能杀死绝大部分松毛虫，控制其危害程度(陈昌洁，1999)。从云南省玉溪市易门县方屯林区采集文山松毛虫卵块，按卵块色泽鲜艳程度分批，卵粒用 2% 福尔马林液浸泡 8 min，再用自来水冲洗 1 min，

蒸馏水漂洗 1 min，晾干待其孵化。幼虫饲养至进入 4 龄 2~4 d，选择个体发育悬殊不大的幼虫，每个处理 30 头虫，分 3 瓶饲养，每瓶 10 头，每个处理重复 3 次。供试 Bt 产品 Bt 菌粉由中国林科院森保所提供，孢子含量 306 亿个/g。参照生产上使用 90000 亿孢子/hm²，喷雾量按 150 kg/hm² 计，选择 2×10^7、4×10^7、6×10^7、8×10^7、1×10^8 孢子/ml 计 5 种浓度，每种浓度取 100 ml 溶液。针叶束捆扎后，浸入相应浓度的 Bt 溶液中，1 min 之后取出阴干（对照用蒸馏水）。每瓶放入经处理的 30 束针叶之后，接入饥饿 1 d 的 4 龄虫，置室温下饲养。

4 龄幼虫取食处理过的针叶 48 h 后，隔日更换新鲜针叶（未处理），并清洁饲养瓶。鲜叶于清晨采自云南松当年抽梢新枝，经自来水冲洗晾干备用，瓶具洗净，所用镊子经火焰灭菌。换叶时，检查并记录死虫数，12 d 后结束试验。根据随时间变化的松毛虫累计死亡率及其机率值，计算出各浓度 Bt 产品对松毛虫的 Lt50。

试验结果（表 6-7）表明，松毛虫的死亡率随 Bt 浓度增加而升高，试验最低浓度 2×10^7 孢子/ml 的死亡率为 84.09%，超过预期 70% 的指标达 14.09%，而其 Lt 50 为 4.74 d，达到死亡速度快的目的。因此，DpwCPV 复合的 Bt 最低浓度为 2×10^7 孢子/ml。

表 6-7 不同 Bt 浓度与文山松毛虫死亡率的关系

处理浓度 （孢子/ml）	平均死亡率 （%）	校正死亡率（%）	感染时间与死亡率回归直线方程	Lt50 （d）
2×10^7	84.44	84.09	$Y_1 = 2.5861 + 3.5713x_1$	4.74
4×10^7	90.00	89.77	$Y_2 = 2.7777 + 3.6492x_2$	4.07
6×10^7	94.44	94.31	$Y_3 = 2.7741 + 4.0072x_3$	3.59
8×10^7	94.44	94.31	$Y_4 = 2.7362 + 4.0713x_4$	3.60
1×10^8	94.38	94.25	$Y_5 = 2.6413 + 4.1420x_5$	3.72
对照	2.22			

注：各处理的供试虫数为 30 头，生测时间为 1993 年 6 月 28 日至 7 月 10 日。

二、Bt-DpwCPV 最佳复配比例筛选

选择个体发育悬殊不大的文山松毛虫幼虫（卵在室内孵化所饲养的幼虫），每个处理 30 头虫，分 3 瓶饲养，每瓶 10 头，每个处理重复 3 次。选择文山松毛虫死亡率达 70% 的最低 Bt 浓度，喷雾量按 150 kg/hm² 配制成 2×10^7 孢子/ml，多角体含量为 5×10^4、2×10^5、4×10^5、8×10^5、1×10^6 CPB/ml 的 Bt-DpwCPV 混

合液 100 ml。Bt 菌粉(由中国林科院森保所提供)的孢子含量 306 亿个/g。所用的文山松毛虫 DpwCPV 是云南省林业科学院在易门方屯林区利用文山松毛虫增殖所得,制剂含量 3.5 亿 CPB/ml。每种浓度取 100 ml 混合液。针叶束捆扎后,浸入相应浓度的 Bt-DpwCPV 混合液中,1 min 之后取出阴干(对照用蒸馏水)。每瓶放入经处理的 30 束针叶之后,接入饥饿 1 d 的 4 龄虫,置室温下饲养。4 龄幼虫取食处理过的针叶 48 h 后,隔日更换新鲜针叶(未处理),并清洁饲养瓶。鲜叶于清晨采自云南松当年抽梢新枝,经自来水冲洗晾干备用,瓶具洗净,所用镊子经火焰灭菌。换叶时,检查并记录死虫数,12 d 后结束试验。根据松毛虫死亡率随时间变化规律,绘制出杀虫效果曲线图。试验最佳复配比例的原则是松毛虫的死亡率达 70%,残存虫 DpwCPV 感染率为 50%。

试验结果(表 6-8)表明:

(1)Bt 导致文山松毛虫死亡率高于 DpwCPV,单独使用 Bt 的效果不如 Bt-DpwCPV,说明在 Bt 中添加 DpwCPV 具有杀虫增效作用。

表 6-8　不同 Bt-DpwCPV 浓度处理的文山松毛虫死亡率

试剂	处理浓度	试虫数(头)	死亡率(%)	残存虫 DpwCPV 感染率(%)
DpwCPV(CPB/ml)	$1.0×10^6$	90	52.00	0.00
Bt(孢子/ml)	$2.0×10^7$	90	82.92	0.00
Bt-DpwCPV (孢子/ml+CPB/ml)	$2.0×10^7+5.0×10^4$	90	68.89	0.00
	$2.0×10^7+1.0×10^5$	90	76.66	15.38
	$2.0×10^7+2.0×10^5$	90	92.22	30.00
	$2.0×10^7+4.0×10^5$	90	91.11	33.33
	$2.0×10^7+6.0×10^5$	90	95.55	55.56
	$2.0×10^7+8.0×10^5$	90	98.89	80.00
	$2.0×10^7+1.0×10^6$	90	100.00	100.00

注:DpwCPV 死亡标准,以体色或体型出现典型 DpwCPV 感病症状,或镜检有多角体 CPB,即计为死亡;DpwCPV 死亡率为感染 26 d 的结果;生测时间为 1993 年 6 月 28 日至 7 月 10 日。

用 Bt 后文山松毛虫死亡率随添加 DpwCPV 浓度增加而逐渐升高,死亡率增加 9.30~17.08%。残存虫 DpwCPV 感染率亦随 DpwCPV 浓度增加而提高,残存虫 DpwCPV 感染率达 50% 以上的 Bt 与 DpwCPV 的复配比例是 $2.0×10^7$ 孢子/ml+$6.0×10^5$ CPB/ml、$2.0×10^7$ 孢子/ml+$8.0×10^5$ CPB/ml、$2.0×10^7$ 孢子/ml+$1.0×10^6$ CPB/ml 等 3 个组合。方差分析结果表明,三者间死亡率差异不明显,残存虫 DpwCPV 感染率差异显著,因此,选 $2.0×10^7$ 孢子/ml+$6.0×10^5$ 孢子/ml 为复合微生杀虫剂最佳 Bt-DpwCPV 配比。其 Bt、DpwCPV 用量均为常规用量的三分之一。复合制剂中 DpwCPV 能提高 Bt 杀虫效果的原因，可能与 DpwCPV 感染幼虫中肠降低其抗病能力有关。

第三节　Bt-DpwCPV 复合微生物杀虫剂
防治德昌松毛虫效果

德昌松毛虫与文山松毛虫同属马尾松毛虫不同的地理亚种，是马尾松毛虫南移后所产生的分化 (索启恒，1982)，二者在形态上极为相似 (幼虫、成虫)，其寄主均为云南松。因此，用德昌松毛虫作为林间集虫对比实验试虫，对实验结果影响不大，同时还可扩大复配制剂的应用范围。所以，本实验选用 4 龄德昌松毛虫幼虫，该虫采自云南省楚雄彝族自治州 (以下简称"楚雄州") 禄丰县的碧城镇洪流林区。选择个体发育悬殊不大的幼虫，每个处理 30 头虫，分 3 瓶饲养，每瓶 10 头，每个处理重复 3 次。Bt 菌粉 (由中国林科院森保所提供) 的孢子含量 306 亿个/g。参照生产上使用 90000 亿孢子/hm²，喷雾量按 150 kg/hm² 计，选 2×10^7、4×10^7、6×10^7、8×10^7、1×10^8 孢子/ml 5 种浓度，每种浓度的溶液取 100 ml。针叶束捆扎后，浸入相应浓度的 Bt 液中，1 min 之后取出阴干 (对照用蒸馏水)。每瓶放入经处理的 30 束针叶之后，接入饥饿 1 d 的 4 龄虫，置室温下饲养。

4 龄幼虫取食处理过的针叶 48 h 后，隔日更换新鲜针叶 (未处理)，并清洁饲养瓶。鲜叶于清晨采自云南松当年抽梢新枝，经自来水冲洗晾干备用，瓶具洗净，所用镊子经火焰灭菌。换叶时，检查并记录死虫数，12 d 后结束试验。根据随时间变化的松毛虫累计死亡率及其机率值，计算出各浓度 Bt 产品对德昌松毛虫的 Lt50。

Bt-DpwCPV 最佳复配比例筛选，其处理方法与文山松毛虫试验方法相同。

一、德昌松毛虫死亡率 70% 的 Bt 浓度测定

试验结果 (表6-9) 表明，相同的 Bt 处理浓度，对德昌松毛虫的杀虫效果明显低于文山松毛虫，其松毛虫死亡率 70% 的 Bt 最低浓度是 8.0×10^7 孢子/ml，为文山松毛虫最低浓度的 4 倍；Lt50 均为文山松毛虫 2 倍以上，说明林间松毛虫幼虫的健康程度要好于室内饲养幼虫，其对 Bt 抗性较强，所以，在林间应用 Bt 菌粉时应适当提高其用药量。

表 6-9　德昌松毛虫与文山松毛虫 **Bt** 测定结果比较

处理浓度（孢子/ml）	试虫数（头）	德昌松毛虫（林间）				文山松毛虫（室内）	
		平均死亡率（%）	校正死亡率（%）	感染时间对数与死亡率机率值回归直线方程	Lt50（d）	校正死亡率（%）	Lt50（d）
2×10^{7}	90	46.67	44.83	$Y_1=6.6057x_1-1.4576$	9.51	84.09	4.74
4×10^{7}	90	54.44	52.87	$Y_2=6.9027x_2-1.6666$	9.24	89.77	4.07
6×10^{7}	90	65.56	64.37	$Y_3=3.0934x_3-2.1838$	8.13	94.31	5.59
8×10^{7}	90	73.56	74.44	$Y_4=4.0935x_4-1.3737$	7.69	94.31	3.60
1×10^{8}	90	82.22	81.61	$Y_5=4.2091x_5-1.5572$	6.58	94.25	3.72
CK	90	3.3					

二、Bt-DpwCPV 复配比例测定比较

复配比例，Bt 仍然使用 2.0×10^{7} 孢子/ml 的浓度。从表 6-10 可看出：

（1）在苏云金杆菌制剂中添加 DpwCPV，能提高 Bt 对德昌松毛虫死亡率 8.04%~39.07%，平均为 25.18%，其增效作用显著。

表 6-10　德昌松毛虫与文山松毛虫复配测定结果比较

处理浓度 Bt+DpwCPV（孢子/ml+CPB/ml）	试虫数（头）	德昌松毛虫（林间）		文山松毛虫（室内）	
		Bt 死亡率（%）	残存虫 DpwCPV 感染率（%）	Bt 死亡率（%）	残存虫 DpwCPV 感染率（%）
$2.\times10^{7}+5.0\times10^{4}$	90	52.87	5.80	68.89	0.00
$2.0\times10^{7}+1.0\times10^{5}$	90	60.92	15.91	74.44	15.38
$2.0\times10^{7}+2.0\times10^{5}$	90	66.67	23.80	88.89	30.00
$2.0\times10^{7}+4.0\times10^{5}$	90	70.12	34.24	86.87	33.33
$2.0\times10^{7}+6.0\times10^{5}$	90	74.72	37.04	90.00	56.56
$2.0\times10^{7}+8.0\times10^{5}$	90	80.90	55.80	94.45	80.00
$2.0\times10^{7}+1.0\times10^{6}$	90	83.90	66.67	95.56	100.00

注：Bt 浓度为 2.0×10^{7} 孢子/ml，死亡率为校正死亡率。DpwCPV 浓度为 5.0×10^{4} CPB/ml ~ 1.0×10^{6} CPB/ml。生测时间：文山松毛虫（1994 年 03 月 31 日至 4 月 12 日）；德昌松毛虫（1994 年 06 月 25 日至 7 月 7 日）。

（2）总体来看，Bt 杀虫死亡率和残存虫 DpwCPV 感染率，杀虫效果林间均低于室内。室内实试验结果证实：每公顷使用 Bt 3.0×10^{12} 亿孢子，即每毫升含 2.0×10^{7} 孢子，可使 4 龄德昌松毛虫幼虫的当代死亡率达 70%。Bt-DpwCPV 最佳复配比是 Bt+DpwCPV 为 2.0×10^{7} 孢子/ml+6.0×10^{5} CPB/ml，Bt、DpwCPV 均为林间常规使用剂量的三分之一。

第四节　Bt-DpwCPV 复合微生物杀虫剂
防治松毛虫林间试验效果

在云南省玉溪市易门县浦贝乡大丫口林区，进行林间应用 Bt、Bt-DpwCPV 防治文山松毛虫越冬代幼虫，其试验面积为 20 hm^2。林间防治试验设置 I、II、III 等 3 个区，采用背负式手摇喷雾器对试验林进行全面喷雾。I 试验区：Bt-DpwCPV 为 6.0×10^7 孢子/ml$+4.0 \times 10^5$ CPB/ml，喷雾量 84.0 kg/hm^2；II 试验区：Bt-DpwCPV 为 4.0×10^7 孢子/ml$+4.0 \times 10^5$ CPB/ml，喷雾量 81.0 kg/hm^2；III 试验区：Bt 浓度为 1×10^8 孢子/ml，喷雾量 66.0 kg/hm^2。

I、II、III 试验区均以对角线设置固定标准株，红油漆编号。从防治第 6 d 开始，隔日调查防治效果，定点观测死虫数至防治 24 d 结束试验。

林间防治试验结果（表 6-11）表明：

（1）林间 Bt-DpwCPV 复合制剂防治效果低于室内试验。究其原因主要是林间气温低于室内气温。温度是影响 Bt 防治效果的主要因素之一，在我国长江流域一带，用 Bt 防治第 2 代松毛虫（7~8 月）的死亡率要比防治越冬代（4 月）高 20%以上（喻子牛，1993）。

（2）在 Bt 制剂相同的情况下，加入 DpwCPV 能提高防治效果。原因是 Bt、DpwCPV 对昆虫的侵染部位相同，均为中肠，Bt 的作用机制是伴孢晶体破坏昆虫中肠部位，导致昆虫肠壁破损 Bt 芽孢或营养体细胞从孔进入血腔，在那里迅速繁殖至大量菌体充满血腔，昆虫患败血病而死亡（喻子牛，1993）。DpwCPV 寄生和侵袭昆虫中肠柱状上皮细胞，利用活细胞增殖病毒，导致昆虫营养缺乏而影响宿主的正常代谢，逐渐衰亡。

（3）林间防治试验药剂的浓度高于室内，防治效果低于室内，但 DpwCPV 能提高 Bt 杀虫效果作用明显。林间最适复配比是 Bt+DpwCPV 为 6.0×10^7 孢子/ml$+4.0 \times 10^5$ CPB/ml，其防治效果为 82.08%。

表 6-11　Bt-DpwCPV 复合微生物杀虫剂林间试验结果

试验区	处理浓度 Bt+DpwCPV	防治面积（hm^2）	喷雾剂量（kg）	死亡（%）	校正死亡率（%）
I	6.0×10^7 孢子/ml$+4.0 \times 10^5$ CPB/ml	6.00	500.00	82.35	82.08
II	4.0×10^7 孢子/ml$+4.0 \times 10^5$ CPB/ml	6.00	480.00	72.90	72.48
III	1.0×10^8 孢子/ml	6.00	400.00	85.81	85.60
对照	清水	2.00	未处理	1.52	

第七章
DpwCPV 新制剂的研发与综合应用技术

松毛虫质型多角体病毒(DCPV)是松毛虫的一种天然病原体，对防治松毛虫具有持续高效、对人畜安全无毒等特点，并且不污染环境，生产时无需"三废"处理。松毛虫质型多角体病毒为中肠感染型病毒，只在寄主中肠上皮细胞中复制。松毛虫质型多角体病毒的生产过程实际上是把感染松毛虫质型多角体病毒的松毛虫中肠中的该病毒多角体从虫体中分离出来并与其他固相物质，如松毛虫虫体组织碎片等分开，然后加以浓缩，加入一定的助剂制成剂型。

现有技术"松毛虫质型多角体病毒油剂的生产方法"（专利号为ZL03114048.3，CN1282416C，授权公告日 2006 年 11 月 1 日）包括切片、洗脱、过滤、沉降、离心分离、混配、检测、稀释、分装工序。所制备的油剂解决了易沉淀分层、阻塞喷头的问题，满足了超低容量喷雾的要求，具有杀虫率高、不污染环境、对人畜安全、生产成本低的特点。但由于该方法生产的松毛虫病毒油剂多角体含量低，林间应用时用量大；保质期较短(1~2 年)，其病毒 1~2 年就失去活性，该剂型仍然存在恶臭、异味大的缺点，使操作人员的工作环境恶劣，影响工作效率，不利于操作人员身心健康，阻碍了其在生产上的推广和使用。因此，急待解决这些技术问题，以便能更高效便捷地推广使用松毛虫病毒产品。

第一节　松毛虫质型多角体病毒油剂研发

本发明的目的在于克服上述现有技术存在的缺陷而提供一种新型的松毛虫质型多角体病毒油剂及其制备方法和应用，以满足生产上大规模应用的需求。

一、技术方案

一种松毛虫质型多角体病毒油剂的制备方法，包括依次进行的浸泡、切碎、洗脱过滤、离心分离、真空干燥、混配、分装各步骤，其特征在于：

所述浸泡是：将感染了松毛虫质型多角体病毒的松毛虫用清水浸泡 14~16 d。

所述洗脱过滤是：将经浸泡后切碎的松毛虫置于搅拌机中，加入清水搅拌后，转入脱水机中，用 400~600 r/min 的转速，在脱水机出液口用 20 目尼龙纱网过滤后得粗滤液，再将粗滤液放入脱水机中，用 400~600 r/min 的转速，在脱水机出液口用 120 目滤网将粗滤液过滤得合格滤液。

所述离心分离是：将合格滤液用分离机在 6800 r/min 的转速分离得到松毛虫质型多角体病毒浓缩液 I。

所述真空干燥是：将松毛虫质型多角体病毒浓缩液 I 放入真空干燥机中，调整温度 28~35 ℃之间，负 0.9 Pa 大气压下，真空干燥 10~15 h，获得松毛虫质型多角体病毒浓缩液 II。

所述混配是：将松毛虫质型多角体病毒浓缩液 II 置于真空干燥机的料罐中，按每 100 kg 松毛虫质型多角体病毒浓缩液 II 加入 30 kg 皂化甘油的比例加入皂化甘油，再按每 100 kg 松毛虫质型多角体病毒浓缩液 II 加入 500 g 细度为 120 目以上的分析纯活性炭的比例加入细度为 120 目以上的分析纯活性炭，关好料罐，启动运转真空干燥机，运转过程中通过停机打开料罐取样，在 600 倍生物显微镜下，采用计数室法测定松毛虫质型多角体的病毒含量，当松毛虫质型多角体病毒的含量为 15 亿 CPB/ml 以上时，停止运转、分装即得松毛虫质型多角体病毒油剂。

二、创新点

与现有技术相比，本发明的主要创新点和有益效果是：

(1)采用真空干燥，大量去除了现有松毛虫质型多角体病毒油剂的恶臭味(大的负压下真空干燥，使病毒液中的大量真菌和细菌失活，从而使病毒液停止腐败，同时负压下真空干燥抽出病毒液中的大量异味物质，使病毒产品异味大大减小)，使工作人员喷施该油剂的工作环境得到了净化，在保证效果的前提下，解决了原来病毒产品含量低、恶臭、异味大等产品难以推广使用的问题。同时，本发明所采用的松毛虫病毒真空干燥提取加工技术，能够去除病毒液中的大量真菌和细菌，从而显著提高了病毒多角体的含量。

(2)采用加入活性炭的方式，保护了松毛虫质型多角体病毒的活性，增强了产品的保质期，使所生产的油剂产品保质期达到 3~4 年(皂化甘油和活性炭都对多角体病毒起到保护作用，同时真空干燥使水份大量减少，降低了病毒多角体的水解作用,从而也使病毒油剂保存期延长),即 3~4 年该油剂中病毒仍具有活性,而现有的松毛虫质型多角体病毒油剂由于没有保护该病毒的措施,使松毛虫质型多角体病毒油剂见光易失去活性,保质期只有 1~2 年。

(3)本发明生产的油剂,防治松毛虫效率特别高,防治(喷施)一次可保松林 5 年以上松毛虫不成灾,达到事半功倍的效果。

本发明采用浸泡、切碎、洗脱过滤、离心分离、真空干燥、混配病毒保护剂、产品质检、分装等步骤,生产的松毛虫质型多角体病毒油剂的病毒多角体含量显著提高,制剂的致病力明显增强。另外,本病毒制剂在林间的活力期明显延长(抗紫外线的能力加强),使本制剂病毒的传染力明显增强,松毛虫病毒感病率达到 95% 以上,感染该毒病的松毛虫丧失了对松林的损害能力,当年感染该病毒的松毛虫死亡之后其虫尸落于林间,病毒多角体可在林中保存多年,第 2 年和之后多年都对林间松毛虫有持续控制效果,并且受该病毒感染的松毛虫还会经卵传染给下一代。因此,本发明方法生产的油剂防治松毛虫效率特别高,只需喷施一次,在第 2 年和之后多年对林间松毛虫都有持续控制效果,在第 2 年林分只有少部分虫,第 3 年难以在林间找到虫,其后持续控制松毛虫多年,可达 5 年以上的防治效果,达到事半功倍的效果。此外,本病毒制剂保质期达 3~4 年,生产一批产品,可多年使用,显著降低了病毒的生产成本,大大提高了产品的防治效率。而现有松毛虫质型多角体病毒油剂由于病毒多角体含量低,且多角体在林间容易失活,第一次施用,仅有少量松毛虫死亡,因此,该油剂需要在林间连续喷施 3 年以上,才能达到控制松毛虫的目的;而且,现有松毛虫质型多角体病毒油剂的保质期仅 1~2 年,较短的保质期使病毒的生产成本大大增加。

综上所述,本发明方法制得的松毛虫质型多角体病毒油剂,除去病毒产品恶臭异味,使该产品易于推广应用。制成油剂的病毒多角体含量高,致病力强,延长了油剂的保质期,可保 3~4 年。使用本发明油剂可使松毛虫病毒感病率达到 95% 以上,防治一次,持续防治效果可达 5 年以上。克服了现有松毛虫质型多角体病毒油剂多角体含量低,且异味大,工作人员工作环境恶劣,阻碍了油剂的推广应用,病毒活力低,使用时需多次大面积面面俱到喷施才可有效防治松毛虫,施用成本高,较难在林间操作,保质期只有 1~2 年,相对生产成本较高的缺陷和不足。

在收集感染松毛虫质型多角体病毒的松毛虫时,需使用喷洒了松毛虫质型多角体病毒的带新鲜针叶的松枝进行喂养接种,该松毛虫质型多角体病毒(DCPV)发明名称为"松毛虫质型多角体病毒油剂的生产方法",专利号为

ZL03114048.3，CN1282416C。

三、具体实施方式

以下各实施例无特殊说明为常规方法。

实施例 1

感染松毛虫质型多角体病毒的松毛虫的收集：

每年开春，在松毛虫越冬代为害较为严重的 4 月初，采集 4 龄左右活松毛虫幼虫，放入事先设置好的处于平坦地方的大型围栏内。围栏设置大小因地制宜，一般 0.03~0.13 hm²，在围栏中放入喷洒了浓度为 $3×10^7$ CPB/ml 的松毛虫质型多角体病毒液的带新鲜针叶的松枝进行喂养接种，15~20 d 收集感病虫。收集的感病虫一般以 50 kg 塑料桶装以方便运输到室内加工。野外围栏复制收集而得的感病虫依次按浸泡、切碎、洗脱过滤、离心分离、真空干燥、混配、分装各步骤制备本发明松毛虫质型多角体病毒油剂。

将松毛虫质型多角体病毒的含量 15 亿 CPB/ml 以上的松毛虫质型多角体病毒油剂用 10 kg 塑料桶分装。

实施例 2

本发明松毛虫质型多角体病毒油剂(以下简称本发明油剂)在林间大规模应用：

(1)本发明油剂在云南省红河州弥勒市林间大规模应用：

云南省红河州弥勒市西一乡 6666.67 hm² 华山松(*Pinus armandii*)-云南松混生的天然林中，连续多年受思茅松毛虫为害，受害面积 2533.33 hm²，导致部分华山松死亡。虫情调查受害松林内平均虫口密度达 300~500 条/株。2005年 3 月中旬，使用本发明油剂，用量 150 g/hm²，每公顷所使用的油剂中加水 30~45 kg(油剂是原液，使用时适量水可在保证防治效果的情况下增加防治面积)，使用日本产小松机动喷雾器，沿林间公路两旁方便行走的林间路，条状喷施，防治 1333.33 hm²。

防治 25 d 后检查防治效果，防治区思茅松毛虫病毒病感病率 95%，2006年 3 月份检查，平均虫口密度下降为 10~20 条/株。2007 年 3 月检查(第一次喷施后第 2 年)，林中已经很难找到虫，至 2014 年为止(第一次喷施后第 9年)，该片 6666.67 hm² 的天然林都未发生松毛虫灾害，本发明油剂喷施一次，松毛虫持续控制效果达到 9 年。

(2)本发明油剂在云南省昆明市石林彝族自治县(以下简称"石林县")西街口镇林间大规模应用：

云南省昆明市石林县西街口镇镇政府周边约 2000 hm² 云南松中幼林多年

受文山松毛虫为害，松林内分布有多家采石场，长期使用化学农药无法有效控制虫灾，年年防治，年年发生虫灾。2009 年 3 月中旬，使用本发明油剂防治 266.67 hm²，用量 150 g/hm²，每公顷所使用的油剂中加水 30~45 kg，使用日本产小松机动喷雾器，沿林间方便行走的路两边条状喷雾防治。

防治后 25 d 检查防治效果，防治区内文山松毛虫病毒病感病率 97%；2010 年 4 月检查防治效果，少部分树上偶有几条文山松毛虫，采虫进行室内检测，病毒携带率 78%；2011 年 3 月，在文山松毛虫为害盛期，在该片 2000 hm² 林地内进行虫情调查，没有找到一条松毛虫；2014 年 3 月再次在该林区调查，仍然没有找到一条松毛虫。

（3）本发明油剂在云南省昆明市石林县石林风景区周边林间大规模应用：

云南省昆明市石林风景区是著名旅游景点，景区周边是所属石林林场管辖的 5333.33 hm² 云南松中幼林，松毛虫灾害极度严重，2009 年之前，年年需要进行防治。由于有了上面第（2）部分的防治效果，石林县森防治部门决定对石林风景区周边所属石林林场 5333.33 hm² 云南松林用本发明油剂进行防治。2009 年 3 月中旬，使用本发明油剂防治 1333.33 hm²，用量为 150 g/hm²，每公顷所使用的油剂中加水 30~45 kg，使用日本产小松机动喷雾器，沿林间方便行走的路两边条状喷雾防治。

防治后 25 d 检查防治效果，防治区内文山松毛虫病毒病感病率 96%；2012 年 4 月检查防治效果，少部分树上偶有几条文山松毛虫，采虫进行室内检测，病毒携带率 71%；2013 年 3 月中旬在石林林场所属片 5333.33 hm² 林地内进行虫情调查，已很难找到松毛虫；2014 年 3 月继续虫情调查，没有采集到松毛虫。

第二节　基于 DpwCPV 的人工助迁松毛虫天敌装置研发

项目发明了一种人工助迁松毛虫天敌装置，具体情况如下：

一、发明背景

松毛虫是属鳞翅目枯叶蛾科松毛虫属昆虫的统称，又名毛虫、火毛虫，古称松蚕，是森林害虫中发生量大、危害面广的主要森林害虫。云南常见的松毛虫为思茅松毛虫和文山松毛虫，一般会导致云南松针叶在 2~3 年被连续吃光即死亡；未被吃光的松树，也树势衰弱，松树本身生理生化指标下降，松脂分泌减少，抗性下降，再加上森林中人为活动频繁，如果松毛虫防治用药不当，比如大量使用农药，可能会导致松林天敌大量死亡，森林生态环境失衡，这对于云南松林是毁灭性的灾难。所以对于松毛虫的防治原则应该是"以不杀伤天敌"为原则的生物防治手段，这样能够有效保护、改善、恢复生态系统，提高松林自身抗性，切实遏制松毛虫的蔓延和危害。

采用生物防治手段抑制松毛虫虫害，是目前最佳的防治办法。但现有文献没有关于人工助迁松毛虫天敌专用装置的记载。

二、装置发明及具体实施方式

人工助迁松毛虫天敌装置，包括支架，其特征在于采用若干层平板安装于支架上，平板中央放置扁平的容器，容器内放置松毛虫病毒制剂；支架外覆盖有 20 目纱网；支架上方设置顶棚；支架底部支脚设置向上的中空椎体，支脚长度为 12~20 cm。平板采用两层结构，上层结构采用镂空平板，上下层结构间铺设无菌蛭石，可根据林间湿度调整无菌蛭石的湿度，并可以在无菌蛭石上施用引诱剂，增大人工助迁松毛虫天敌的效率。顶棚采用透明材料制成的拱顶，方便维持装置内的温度。容器采用直径 5 cm、深 2 cm 的圆盘（图7-1）。

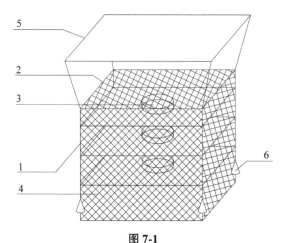

图 7-1

1. 支架；2. 平板；3. 容器；4. 纱网；5. 顶棚；6. 中空椎体。

人工助迁松毛虫茧，放入该装置内，松毛虫茧受到装置的保护，大大降低了茧被捕食性天敌伤害的几率；而 20 目网能让寄生蝇（蜂）随意飞入飞出，加之松毛虫病毒制剂对寄生性天敌昆虫有明显的吸引作用，林间的寄生天敌可飞入笼中，继续寄生松毛虫茧，笼中有糖蜜的存在，飞入的或新羽化的寄生蝇（蜂）在笼内就近补充营养，取食糖膏。

通常寄生蜂类对糖偏好，寄生蝇类对腐味偏好（这正是病毒制剂特有的气味），在此过程中，大量的松毛虫病毒粒子会黏着于这些天敌昆虫的足上、口器上、身体上，当这些天敌昆虫飞出养虫笼，在寻找新的宿主松毛虫的过程中，就将松毛虫病毒进行了传播，即人工助迁。这种人工助迁松毛天敌装置，一方面，大大增加了林间松毛虫寄生性天敌昆虫的数量；另一方面，通过这些天敌昆虫，松毛虫病毒粒子也得到了在林间远距离的广泛传播，因此形成了良好的生物防治模式。

本人工助迁松毛虫天敌装置，采用多层结构，工作效率高；本装置结构简单，使用方便，占地面积小，适宜在林间使用。

第三节 基于 DpwCPV 的助迁天敌昆虫防控松毛虫方法

一、材料准备

针对现有技术防治松毛虫的生物手段缺乏的问题，本项目发明出一种利用人工助迁天敌防治松毛虫的方法。其特征在于该方法基于松毛虫质型多角体病毒油剂原液，通过下列手段实施：

(1)配置病毒制剂：将松毛虫质型多角体病毒油剂原液与蜂蜜按重量比 1：1 均匀混合；

(2)助迁天敌：在养虫笼内放入松毛虫茧，其中心放置病毒制剂。

养虫笼结构，包括支架，其特征在于采用若干层平板安装于支架上，平板中央放置扁平的容器，容器内放置松毛虫病毒制剂；支架外覆盖有 20 目纱网；支架上方设置顶棚；支架底部支脚处设置向上的中空锥体，支脚长度为 12~20 cm。

养虫笼结构，其特征在于平板采用两层结构，上层结构采用镂空平板，上下层结构间铺设无菌蛭石。

该松毛虫质型多角体病毒油剂通过浸泡、切碎、洗脱过滤、离心分离、真空干燥、混配、分装而制得。

首先，松毛虫质型多角体病毒油剂原液、病毒油剂+白沙糖、病毒油剂+红糖、病毒油剂+蜂蜜 4 种配方处理均对蝇类、蜂类、蚂蚁类、蟥类等昆虫有明显的引诱作用(表 7-1)。这些昆虫主要有两色瘦姬蜂(*Campoplex proximus* Forster)、佛氏大腿蜂(*Brachymeria euploeae* Westw.)、单齿长尾小蜂(*Monodontomerus dentipes* Boheman)、松毛虫华丽寄蝇(*Mikia magnifica* Mik.)等，此外还有蚂蚁、螳螂、猎蝽等，这些均是松毛虫的天敌昆虫类群。

表 7-1 不同时间引诱器引诱松毛虫天敌数量 (头)

配方	处理	1 d	15 d	30 d	60 d
病毒原液	处理 1	158	62	52	40
病毒+白糖	处理 2	264	142	102	52
病毒+红糖	处理 3	271	138	98	58
病毒+蜂蜜	处理 4	324	274	210	168
空置引诱器	对照	45	40	42	38

注：弥勒市西山林区 2014 年 6~9 月试验。

本发明意想不到的技术效果在于，采用本发明的病毒+蜂蜜的病毒制剂(即处理 4)15 d 后，对天敌昆虫的引诱作用仍然很强，是对照的 5.85 倍，处理 3 的作用有所下降，但仍是对照的 2.45 倍，处理 2 的作用与处理 3 类似，是对照的 2.55 倍，处理 1 的作用下降最为明显，仅是对照的 0.55 倍。第 30 d，处理 4 对天敌昆虫的引诱作用仍然很强，是对照的 4 倍，是处理 1 的 3.04 倍；处理 3 的作用仍在下降，是对照的 1.33 倍；处理 2 的作用与处理 3 类似，是对照的 1.43 倍；处理 1 对天敌的引诱作用还在下降，仅是对照的 0.24 倍。第 60 d，处理 4 对天敌昆虫的引诱作用还能保持很高的水平，是对照的 3.42 倍；处理 3 的作用仍在下降，仅是对照的 0.52 倍；处理 2 的作用与处理 3 类似，是对照的 0.37 倍；处理 1 对天敌的引诱作用与对照已没有明显的差异，仅是对照的 0.05 倍(表 7-1)。

病毒制剂的气味，会引诱大量的松毛虫天敌昆虫(寄生蜂类、寄生蝇类、蚂蚁类、蝽类等)，然而其特有的气味，15 d 后已明显散去，其对林间天敌昆虫的吸引力明显下降。通过在松毛虫病毒制剂(油制)中加入糖蜜所得到的病毒糖膏，明显提高了对松毛虫天敌的引诱效果和引诱时长。糖蜜是松毛虫天敌昆虫，尤其是寄生蜂类、寄生蝇类、蚂蚁类等，最喜好的营养补充物质。这些天敌昆虫会较长时间、反复地驻足于昆虫引诱器，这样大量的松毛虫病毒粒子会黏着于天敌昆虫的足上、口器上、身体上，这些天敌昆虫在寻找宿主松毛虫的过程中，即将松毛虫病毒进行了传播，当松毛虫取食了这些天敌昆虫驻足的松针叶，就会感病，或者这些天敌昆虫在捕食或寄生松毛虫的过程中，会直接将松毛虫病毒粒子输入松毛虫体内，对松毛虫造成双重伤害，最终达到控制松毛虫危害的目的。

采用本发明在 20 目防虫网的保护下的人工助迁天敌方法，养虫笼内的虫蛹寄生率明显提高(表 7-2)。

表 7-2　不同处理茧笼内松毛虫茧寄生率比较

配方	处理	茧数(个)	寄生数(个)	寄生率(%)	校正寄生率(%)
病毒原液	处理 1	100	49	49	29.16
病毒+白糖	处理 2	100	57	57	40.27
病毒+红糖	处理 3	100	56	56	38.89
病毒+蜜蜂	处理 4	100	68	68	55.56
空白	对照	100	28	28	—

注：弥勒市西山林区 2014 年 5~6 月

调查表明，空白对照松毛虫蛹的寄生率为 28%，加入松毛虫病毒制剂的 4 种处理松毛虫蛹的寄生率均明显高于空白对照松毛虫蛹的寄生率。采用本发明的病毒+蜂蜜的病毒制剂(即处理 4)的寄生率最高，达 68%，比对照高出 40%；寄生率次高的是处理 2，达到 57%，比对照高出 29%；处理 3 的寄生率与处理 2 相当，为 56%，比对照高出 28%；处理 1 的寄生率为 49%，比对照高出 21%(表 7-2)。

本发明的助迁天敌防治松毛虫的方法，具有防治松毛虫成效快、效果好的技术优势。

二、实施效果

采用本发明的助迁天敌防治松毛虫的方法，通过对云南省弥勒市西山林区的 6 个地块进行实施，其结果见表 7-3。

结果证明，本例的方法有效且效果显著。

表 7-3　松毛虫生物防治前后平均虫口密度比较

标准地号	虫口密度(头/株)		虫口减退率(%)
	2014—4	2015—4	
Ⅰ	13±2.12(30)	5±0.22(30)	61.5
Ⅱ	14±1.24(30)	4±0.24(30)	71.4
Ⅲ	10±2.24(30)	6±1.20(30)	40.0
Ⅳ	11±2.31(30)	3±0.21(30)	72.7
Ⅴ	12±3.01(30)	7±2.21(30)	41.7
Ⅵ	13±2.12(30)	5±0.54(30)	61.5
平均虫口数量(头/株)	12.2	5.0	59.1
T-test		$P<0.05$	

注：试验地点为弥勒市西山林区。

第四节　基于 DpwCPV 的松毛虫生物防治模式研发

　　DpwCPV 制剂的应用为控制松毛虫危害发挥了积极作用。本研究基于 Dp-wCPV 制剂，在云南弥勒市 1000 hm² 松林分别实施了 3 种松毛虫生物防治模式，经过 1 年的综合应用，示范区松毛虫虫口数量相比治理前下降了 59.1%。结果表明，基于 DpwCPV 制剂的 3 种生物防治模式具有方便、易操作的特点，可在松毛虫生物治理中广泛推广。

　　DpwCPV 是松毛虫的一种天然病原体，1983 年首次在云南省红河州弥勒市竹园林场发现。云南省林业科学院经过多年研究，开发出了松毛虫病毒制剂(已申请专利，申请号：201510084508.9)，该制剂已广泛用于松毛虫的防治(陈鹏等，2015)。DpwCPV 为中肠感染型病毒，只在寄主中肠上皮细胞中复制(胡光辉等，2003)。DpwCPV 制剂的生产过程实际上是把病毒多角体从感染松毛虫质型多角体病毒的松毛虫中肠中分离出来并与其他固相物质，如松毛虫虫体组织碎片等分开，然后加以浓缩，加入一定的助剂制成剂型。

　　DpwCPV 制剂对防治松毛虫具有持续高效、对人畜安全无毒等特点，并且不污染环境，生产时无需"三废"处理。20 世纪 90 年代以来，云南省林业有害生物防治检疫局与云南省林业科学院合作，生产松毛虫病毒杀虫剂用于松毛虫防治，使云南省的松毛虫灾害面积由 2000 年前后的近 20 万 hm² 下降到 2014 年的 5 万 hm² 左右，应用松毛虫病毒防治松毛虫危害的效果极其显著。

　　为了系统总结和全面推广林业有害生物的生物防治经验，同时研究发掘、集成创新林业有害生物的生物防治技术，作者选择在云南弥勒市约 1000 hm² 松林内，以松毛虫为主要治理对象，以 DpwCPV 制剂防治为其主要治理手段，综合运用其他生物防治技术，通过组装配套、集成创新、规范实施，旨在总结出一套基于 DpwCPV 的松毛虫生物防治模式，为实现可持续控制松毛虫危害、保护当地松林生态环境、维护生态安全提供支撑，也为整体推进林业有害生物科学治理，全面实现林业有害生物的可持续控制提供科学基础数据支持。

一、材料与方法

(一)样地设置

示范区设置在弥勒市西一镇和西二镇所辖西山林区，地处东经 103°17′，北纬 24°17′，属典型的喀斯特地质地貌，最高海拔 2212 m，最低海拔 1522 m，年均气温 15.3 ℃，最高气温 20.6 ℃，最低气温 7.4 ℃。年均无霜期 270 d，年降水量 1100 mm，年光照时数 2050 h。

试验区面积约 1000 hm²，云南松和华山松（*Pinus armandii*）是该林区的主要树种，平均树高 10 m，平均胸径 18 cm，树龄 40 年以上，郁闭度 0.74。在该林区发生危害的主要虫种是文山松毛虫和思茅松毛虫。

在试验区设置 6 块固定标准地观测如下 3 种生物防治模式应用前后，松毛虫虫口减退率（防治效果），每块标准地面积 0.2 hm²，每块标准地内按对角线抽样法抽取 30 株作为固定样株，逐一编号。2014 年 4 月和 2015 年 4 月分别调查统计每块样地内每棵固定样株上的松毛虫虫口数量。

（二）松毛虫生物防治模式设计

于 2014 年 5—10 月在示范区基于 DpwCPV 制剂设计了 3 种生物防治试验。

1. 松毛虫病毒油剂喷雾防治试验

松毛虫质型多角体病毒油剂由云南省林业科学院生产，原液病毒含量为 15 亿 CPB/ml 以上。2014 年 5 月在示范区使用机动喷雾器，采用超低容量喷雾，沿林间方便行走的路两边条状喷雾防治，施用面积 100 hm²。松毛虫病毒油剂原液每公顷用量 150 ml，稀释 200~300 倍。

2. 天敌昆虫携带病毒防治试验

设置松毛虫病毒 4 种配方处理：病毒油剂原液对照（云南省林科院生产的松毛虫质型多角体病毒油剂原液病毒含量为 15 亿 CPB/ml 以上）；处理 1，病毒油剂原液与白沙糖 1∶1 均匀混合；处理 2，病毒油剂原液与红糖 1∶1 均匀混合；处理 3，病毒油剂原液与蜂蜜 1∶1 均匀混合；将 4 种配方各 100 ml 分别倒入一次性方便盒，将方便盒固定在三角形昆虫引诱器中，避免雨水进入。空置三角形昆虫引诱器作为空白对照。

2014 年 6 月将 4 种配方处理及空白对照处理天敌引诱器分别放入林间，两处理之间相隔 100 m 以上，重复 3 次。松毛虫病毒天敌引诱器设置后的第 1、15、30、60 d，统计天敌引诱器及其周边 1 m² 范围内松毛虫天敌昆虫的数量。具体调查方法：在上述 4 个时间点（遇雨天，待雨停后再观测），5 人分别到达 4 种配方及空置引诱器的设置点，同时开始调查统计引诱器及其周边 1 m² 范围内蝇类、蜂类、蚂蚁类、蜻类等天敌昆虫的数量，时间持续 30 min，随后调查同时结束。

3. DpwCPV 病毒制剂+寄生蝇（蜂）人工助迁防治试验

于 2014 年 5 月在松毛虫爆发成灾后的林地内收集文山松毛虫茧[来源于文山

壮族苗族自治州(以下简称"文山州")丘北县],将 100 个松毛虫茧放入具有 5 个分层的 80 cm × 80 cm × 80 cm 的 20 目的养虫笼装置中,每层可放入 20 个松毛虫茧,每层的中间有一个直径 5 cm、深 2 cm 的圆盘容器,分别向圆盘中倒入 10 ml 松毛虫病毒油剂原液或病毒糖膏共 4 种配方(配制方法同"2. 天敌昆虫携带病毒防治试验"),空置圆盘作为对照,共设置 5 个此装置,在示范区开展"DpwCPV 制剂+寄生蝇(蜂)"人工助迁方式的松毛虫生物防治模式应用试验。每个装置之间的距离间隔 100 m 以上。每个装置均有避雨棚,下有 4 个支撑(图 7-1)。此释放装置寄生蝇(蜂)可随意飞入飞出,羽化的松毛虫的成虫不能飞出,一些鸟类、鼠类、蜥蜴类、体型较大的昆虫等捕食动物也不能进入笼内,而林间的寄生昆虫天敌却可飞入笼中,继续寄生松毛虫蛹,飞入的或新羽化的寄生蝇(蜂)在笼内就近补充营养,取食病毒糖膏(病毒油剂与糖的混合物)。

　　试验设置 1 个月后,分别调查各个人工助迁松毛虫天敌装置内松毛虫蛹的寄生率。

　　校正寄生率(%)=(处理寄生率–对照寄生率)/(100–对照寄生率)×100

二、结果与分析

(一)不同处理引诱天敌昆虫比较

　　调查结果(表 7-1)表明,病毒原液+蜂蜜对天敌昆虫的引诱量最大;其次是病毒原液+白糖和病毒原液+红糖,引诱的天敌昆虫数量几乎相同;再次是病毒原液,引诱天敌昆虫的数量仅大于空白对照。4 种配方均在第 1 d 时对松毛虫天敌昆虫的引诱作用最为明显,随着时间的推移,引诱天敌昆虫的数量均呈下降趋势;第 15 d,原液对照的引诱作用下降最为明显;第 60 d,病毒原液+蜂蜜对天敌昆虫的引诱作用还能保持较高的水平,病毒原液+白糖和病毒原液+红糖的引诱作用类似,已与空白对照逐渐趋同,病毒原液对天敌昆虫的引诱作用与空白对照已没有明显的差异(表 7-1)。

(二)人工助迁天敌装置内容松毛虫蛹寄生率比较

　　在 20 目防虫网的保护下的人工助迁松毛虫天敌装置内,空白对照松毛虫蛹的寄生率为 28%。加入松毛虫病毒制剂的 4 种处理配方松毛虫蛹的校正寄生率见表 7-2,病毒原液+蜂蜜处理的松毛虫蛹校正寄生率最高,病毒原液对松毛虫蛹校正寄生率最低,为 29.16%。

(三)生物防治模式应用前后的防效比较

　　2014 年 4 月对弥勒西山林区 6 块样地的调查表明,松毛虫虫口密度的平均值为 12 头/株(表 7-3)。2014 年 5—10 月随后在示范区开展了基于 DpwCPV

的 3 种松毛虫生物防治应用试验，结果表明松毛虫质型多角体病毒油剂原液与蜂蜜 1∶1 均匀混合成膏状，对林间天敌引诱效果明显高于松毛虫质型多角体病毒油剂原液、病毒油剂原液+白糖、病毒油剂原液+红糖 3 种处理。

通过 1 年试验示范，2015 年 4 月对示范区的 6 块固定样地再次进行调查，示范区平均松毛虫种群的虫口密度下降为 5 头/株，T-test 表明，示范前与示范后松毛虫虫口密度差异显著，示范区松毛虫危害程度相比生物防治模式应用前明显减轻，6 块样地的平均虫口减退率 59.1%，示范区松毛虫的治理效果明显(表 7-3)。

三、结论与讨论

通过 3 种不同的松毛虫生物防治模式的应用，防治后的试验区松毛虫虫口密度比防治前下降了 59.1%，这是病毒制剂直接喷雾防控、增加天敌数量以及天敌携带病毒控制三者共同作用的结果。其中，病毒油剂原液+蜂蜜 1∶1 混合配方处理，在"松毛虫病毒糖膏+天敌昆虫"防治模式中对松毛虫天敌昆虫的引诱效果及持续性最好；在"松毛虫病毒制剂+寄生蝇(蜂)"人工助迁防治模式中，也是该处理在助迁笼中松毛虫蛹的校正寄生率最高。

病毒制剂原液+白糖、红糖和蜂蜜混合制剂均对松毛虫天敌昆虫有很好的引诱作用，而且还能包裹病毒粒子，使其在林间存活较长的时间。试验表明，30 d 以内病毒糖膏均对松毛虫天敌昆虫有很好的引诱效果，其中蜂蜜与病毒制剂混合形成的病毒蜜膏对天敌的吸引作用最好，且引诱持续的时间最长，可在松毛虫病毒防治生产上进行推广应用。

红河州弥勒市竹园林场的松毛虫自然种群蛹的寄生率为 20%(陈鹏等，2016)，本项人工助迁天敌方式的空白对照中松毛虫蛹的寄生率为 28%，显著高于自然种群松毛虫蛹的寄生率，这可能与本试验设计装置的保护作用有关。在加入松毛虫病毒制剂的助迁笼中，寄生率又明显高于空白对照笼中松毛虫蛹的蛹寄生率。而加入了糖蜜与病毒制剂混合的天敌助迁笼中松毛虫蛹的寄生率又显著的高于对照笼和仅有病毒制剂的天敌助迁笼，其中，病毒+蜂蜜笼中的松毛虫蛹的寄生率最高，病毒+白糖和病毒+红糖两种处理助迁笼中松毛虫蛹的寄生率相当。

本试验着重于松毛虫病毒制剂在林间应用的便利性、可操作性而提出，取得了比较好的效果。由于松毛虫病毒本身具有极强的经卵传播性，本试验所用的病毒油剂附着性强，采用了喷施和天敌携带的方式，病毒粒子通过风媒、传媒昆虫和鸟类等实现了林间传播流行。然而，基于本试验的设计配方以及配套装置，对于哪些天敌昆虫能真正携带松毛虫病毒粒子？不同天敌昆虫间的携毒能力差异如何？其所能携带的质型多角体病毒的数量有多少？这样的病毒量是否足以让松毛虫病毒病在林间流行？这些问题仍需要更精细的试验设计和先进的分析技术予以一一解答。

第五节　基于 DpwCPV 的松毛虫综合防控技术

通过 4 种不同的防治模式研究松毛虫的生物防治技术。结果表明：防治后的示范区松毛虫危害程度相比防治前下降了 59.1%；病毒油剂原液+蜂蜜 1∶1 混合的配方在"松毛虫病毒糖膏+天敌昆虫"防治模式中的防治效果及持续性最好；"松毛虫病毒制剂原液+寄生蝇（蜂）"人工天敌助迁防治的模式中，加入松毛虫病毒制剂的天敌助迁笼中松毛虫蛹的寄生率>空白对照的天敌助迁笼中松毛虫蛹的寄生率>林场松毛虫自然种群中蛹的寄生率；多功能诱虫灯的灯管波长在 364 nm 时，可以高效诱杀松毛虫成虫，而不伤害天敌昆虫。

本研究坚持以"预防为主，科学治理，依法监管，强化责任"的方针，以促进森林健康、实现林业有害生物可持续控制为目标，以松毛虫为主要治理对象，以病毒制剂防治松毛虫为其主要治理手段，综合运用其他生物防治技术和营林、物理等无公害防治措施，通过组装配套、集成创新、规范实施，总结出一套针对松毛虫的生物防治模式，为实现松毛虫可持续控制提供有力支撑。

一、材料与方法

（一）样地选择

在弥勒市西山林区，设置松毛虫生物防治效果观测固定样地 6 块，每块固定样地面积为 0.20 hm²，每块标准地内按对角线抽样法调查 30 株，逐一编号，2014 年 4 月对示范区设置的 6 块固定样地进行了本底调查，此时该林地松毛虫种群数量平均值为 12 头/株。于 2015 年 4 月，调查统计防治 1 年后的每块样地内每株固定样株上松毛虫数量。

（二）松毛虫生物防治模式试验方法

1. 松毛虫病毒制剂直接防治

选用由云南省林科院加工生产的松毛虫病毒油剂（含量为 15 亿 CPB/ml 以上），每公顷用量 150 ml，稀释 200~300 倍，使用机动喷雾器，采用超低容量喷雾，沿林间方便行走的路两边条状喷雾防治。

2. "松毛虫病毒糖膏+天敌昆虫"防治模式

设置松毛虫质型多角体病毒油剂(含量为 15 亿 CPB/ml 以上)原液、病毒油剂原液与红糖 1∶1 混合膏、病毒油剂原液与白糖 1∶1 混合膏、病毒油剂原液与蜂蜜 1∶1 混合膏 4 个处理，空置引诱器作为对照，将 100 ml 松毛虫病毒与糖蜜膏状物平铺倒入三角形昆虫引诱器或船形昆虫引诱器之中，引诱器用量为 3 个/hm²，将昆虫引诱器置于林间空地。

3. "松毛虫病毒制剂+寄生蝇(蜂)"人工助迁防治模式

在松毛虫大发成灾后的林地，采集松毛虫茧或老熟幼虫(老熟幼虫饲养至结茧)，将 100 个松毛虫茧放入具有 5 个分层的 80 cm×80 cm×80 cm、20 目的养虫笼中，每层可放入 20 个松毛虫茧，每层的中间有一个直径 5 cm、深 2 cm 的圆盘，向圆盘中倒入 10 ml 松毛虫病毒糖膏。天敌助迁笼设置 1 个月后，分别调查各个天敌助迁笼内松毛虫蛹的寄生率。

4. 松毛虫成虫灯光诱杀

在松毛虫成虫羽化期，应用本项目发明的"多功能诱虫灯"，诱杀成虫。

二、结果与分析

(一)松毛虫生物防治效果调查

通过 1 年 DpwCPV 油剂防治松毛虫试验示范，2015 年 4 月对示范区的 6 块固定样地进行再次调查，示范区平均松毛虫种群虫口密度下降为 5 头/株，示范区松毛虫危害程度相比防治前下降了 59.1%。

(二)"松毛虫病毒糖膏+天敌昆虫"防治模式的效果

将制成的松毛虫质型多角体病毒油剂原液、病毒油剂原液+白糖、病毒油剂原液+红糖、病毒油剂原液+蜂蜜，共计 4 种配方的引诱剂分别放在林间引诱松毛虫的天敌昆虫，进行天敌昆虫携带病毒应用试验示范。结果表明：第 60 d，病毒油剂原液+蜂蜜的混合膏对天敌昆虫的引诱效果是对照的 3.42 倍，对林间天敌引诱效果及持续性明显高于其他 3 种处理。

(三)"松毛虫病毒制剂+寄生蝇(蜂)"人工助迁防治模式的效果

结果表明：加入松毛虫病毒制剂的天敌助迁笼中松毛虫蛹的寄生率>空白对照的助迁笼中松毛虫蛹的寄生率>林场松毛虫自然种群蛹的寄生率。

(四)多功能诱虫灯物理防治效果

选用对松毛虫成虫有强引诱力波长(364 nm)的灯管，可显著提高松毛虫成虫的诱杀效果，而又保护了松毛虫的天敌昆虫。

三、结论与讨论

根据多年的连续跟踪观察，利用病毒防治过松毛虫的云南松林的历史重灾区，松毛虫病毒病在松毛虫种群内广泛流行，虫害从根本上得到了控制。松毛虫病毒是松毛虫类害虫的致命性传染性病原体，主要感染松毛虫及少数鳞翅目害虫，对人畜、害虫的天敌如小蜂类、食蝇类以及森林生态系统中的其他物种不具任何致病作用，是一种极良好的对森林生态系统多样性有保护及恢复作用的超级杀虫剂，这种病毒可以经卵传递给松毛虫的下一代幼虫，在下一代害虫生存条件恶化时（如林分虫口密度过高、食料不足、持续阴雨天气、气温 25~28 ℃）松毛虫的群体易发生病毒流行病而死亡，因此具有可持续控制松毛虫的特点，利用病毒防治一次至少可持续控制松毛虫 3~5 年不成灾。从 2015 年 5 月调查弥勒市西山示范林区的实际效果显示，在松毛虫病毒林间的控制效果已从最初"防 1 次管 3~5 年"的目标提高到持续控制 10 年以上。

第八章
DpwCPV 制剂持续控制松毛虫效果

松毛虫病毒，对人畜、害虫的天敌如小蜂类、食蝇类及森林生态系统中的其他物种不具任何感病作用，病毒可以经卵传递感染松毛虫的下一代幼虫，在下一代害虫生存条件恶化时使其群体发生病毒流行病而死亡，因此具有可持续控制松毛虫的特点。项目的实施和推广应用取得了显著的生态、经济和社会效益。

第一节　DpwCPV 感染文山松毛虫后
其肠道微生物区系的变化

为掌握文山松毛虫肠道内微生物区系及其感染 DpwCPV 之后其肠道微生物变化情况，以期为文山松毛虫质型多角体病毒剂型安全使用提供理论依据。

从林间采集生长正常的 5~6 龄文山松毛虫 50 头作参试虫。采用细菌、真菌一般常规的培养基。细菌培养温度为 28~37 ℃，真菌培养温度为为 25~28 ℃。细菌与真菌的纯化，采用细菌、真菌的单菌落分离纯化方法。

（1）正常虫肠道微生物的分离：虫体表面用 0.1% 升汞消毒 4 min，无菌水冲洗 4 次。在无菌室内解剖，挑少许肠道微生物在平板培养基上连续划线和肠道捣碎后，倒入平板培养基上混合，重复 2 次。

（2）DpwCPV 病原增殖、接种及病虫肠道微生物的分离：DpwCPV 病原在文山松毛虫上增殖，含量为 8.0 亿 CPB/ml。然后接种至林间采集的生长正常的 5~6 龄文山松毛虫上，用浓度为 1×10^7 CPB/ml 感染文山松毛虫。文山松毛虫感染病毒后第 12 d，从树冠的上、中、下各部位随机取感病特征明显的罹病虫 50 头，进行肠道微生物的分离。

一、文山松毛虫肠道中细菌类群频率及其感病后的变化

文山松毛虫感病前、后其幼虫中肠细菌种类及数量结果见表 8-1。

表 8-1　松毛虫感病前、后幼虫中肠的细菌种类及数量变化

细菌	正常中肠		感病中肠	
	菌株数(株)	频率(%)	菌株数(株)	频率(%)
葡萄球菌属(*Staphylococcus*) *	12	48	6	37.5
氮单胞菌属(*Azomonas*)	6	24	1	6.3
微球菌属(*Micrococcus*) *	4	16	0	0
节杆菌属(*Arthrobacter*)	2	8	1	6.3
奈瑟氏球菌属(*Neisseria*)	1	4	0	0
芽孢杆菌属(*Bacillus*) *			4	25.0
不动杆菌属(*Acinetobacter*)			2	12.5
分枝杆菌属(*Mycobacterium*)			2	12.5
合计	25		16	

注：＊为文山松毛虫健康虫体中肠栖菌。

试验结果表明，未经 DpwCPV 感染的文山松毛虫肠道中细菌有 5 个属，25 个菌株。其中葡萄球菌属(*Staphylococcus*)占 48%，最少是奈瑟氏球菌(*Neisseria*)，占 4%。DpwCPV 感染文山松毛虫后，肠道中除保留正常文山松毛虫肠道中葡萄球菌等 3 个属外，诱发出芽孢杆菌属(*Bacillus*)、不动杆菌属(*Acinetobacter*)和分枝杆菌属(*Mycobacterium*)等 3 个属的细菌，共计 8 个菌株(表 8-1)。

二、文山松毛虫肠道中真菌类群频率及其感病后的变化

试验结果表明，正常的文山松毛虫肠道中有真菌 4 个属，39 个菌株，最少是木霉属(*Trichoderma*)，仅占 5.1%。DpwCPV 感染文山松毛虫后，肠道中仅保留生长正常的曲霉属(*Aspergillus*)及青霉属(*Penicillium*)，其频率也都下降在 20.0% 以下；枝霉孢属(*Cladosporium*)和木霉属消失，诱发出短梗霉属(*Aureobasidium*)、盘多毛孢属(*Pestalotia*)、根霉属(*Rhizopus*)及酵母菌属(*Saccharomyces*)等 7 个属(表 8-2)。

表 8-2 文山松毛虫感病前、后幼虫中肠的真菌种类及数量

真菌名称	正常中肠		感病中肠	
	菌株数(株)	频率(%)	菌株数(株)	频率(%)
曲霉属(Aspergillus)	18	46.2	7	14.9
青霉属(Penicillium)	15	38.5	8	16.7
枝霉属(Cladosporium)	4	10.2	0	0
木霉属(Trichoderma)	2	5.1	0	0
短梗霉属(Aureobasidium)			12	25.1
盘多毛属(Pestalotia)			5	10.5
毛壳菌属(Chaetomium)			4	8.4
根霉属(Rhizopus)			4	8.4
酵母菌属(Saccharomyces)			4	8.4
交链孢属(Alternaria)			2	4.2
假丝酵母属(Candida)			2	4.2
合计	39		48	

DpwCPV 感染文山松毛虫前、后其肠道中微生物区系变化较大，仅保留生长正常的松毛虫肠道中少数细菌、真菌属，且其频率都明显下降；有些细菌、真菌属消失，诱发出芽孢杆菌属、不动杆菌和分枝杆菌等 3 个属的细菌；短梗霉属、盘多毛孢属、根霉属及酵母菌属等 7 个属的真菌，共计 41 个菌株。文山松毛虫感染 DpwCPV，其肠道中正常微生物区系组成遭致破坏，可能影响松毛虫的正常代谢机能，从而提高了 DpwCPV 的致病效果。与此同时，由于微生物区系的改变，是否有可能使一些肠道中本来属非致病性的微生物，变为致病性的微生物，目前尚不清楚，有待今后进一步研究。

试验结果表明：11 个属的真菌对人体是安全的；但在 8 个属的细菌中有葡萄球菌属、微球菌属(Micrococcus)与芽孢杆菌属等 3 个属对人体有致病性(表 8-3)。

表 8-3 13 种对人体有致病性的细菌种类(肖支叶，2017)

致病菌	致病菌
金黄色球菌(Staphylococcus auerus) *	藤黄微球菌(Micrococcus luteus) *
短小芽胞杆菌(Bacillus pumilus) *	溶血性葡萄球菌(Staphylococcus haemolyticus)
缓慢芽胞杆菌(Bacillus lentus) *	副溶血性弧菌(Vibrio parahaemolyticus)
蜡样芽胞杆菌(Bacillus cereus) *	无乳链球菌(Streptococcus agalactiae)
枯草芽胞杆菌(Bacillus subtilis) *	乙型副伤寒沙门氏菌(Salmonella paratyphi)
福氏志贺氏菌(Shigella flexneri)	铜尿假单胞菌(Pseudomonas aeruginosa)
大肠埃希菌(Escherichia coli)	

注：＊对人体有致病性的细菌属的种。

第二节 DpwCPV 施用区与化学农药治理区 松毛虫自然种群生命表比较

文山松毛虫是在云南省危害较为严重的虫种之一，该虫 20 世纪 50 年代仅文山州有记载，20 世纪 70~80 年代，由于人工纯林的扩大和生态环境遭破坏，文山松毛虫的危害逐年扩散蔓延，90 年代是其危害最为严重的时期（胡光辉，1999）。文山松毛虫危害寄主包括云南松、思茅松、华山松、湿地松等；现发生分布于云南的文山、丘北、砚山、开远、蒙自、个旧、建水、弥勒、麒麟、陆良、路南、宜良、江川、华宁和贵州的兴义、望漠、盘县等地。DpwCPV 制剂的应用为控制文山松毛虫的危害发挥了积极的作用。本研究利用生命表技术来研究 DpwCPV 施用区和非施用区松毛虫自然种群动态和发展趋势，结果显示，蛹寄生是两地松毛虫蛹期的第一致死因子，天敌捕食是其他发育阶段第一致死因子；在 DpwCPV 施用区，在除卵期外的不同松毛虫发育阶段，病毒是排在首位的微生物死亡因子；在 DpwCPV 非施用区，不同发育阶段松毛虫的微生物死亡因子各不相同；DpwCPV 施用区云南松林内的松毛虫种群趋势指数为 0.61，预测下一代的种群呈下降趋势，而 DpwCPV 非施用区云南松林内的松毛虫种群趋势指数为 1.82，预测下一代的种群呈上升趋势。研究结果为准确预测文山松毛虫种群变动规律，同时也为揭示 DpwCPV 持续控制松毛虫危害的机制提供了科学数据支持。

一、研究地区与研究方法

（一）试验地概况

DpwCPV 施用区试验地点选在红河州弥勒市的竹园林场红坡头林区石牛塘云南松林，试验区面积 100 hm²，平均树高 10 m，平均胸径 18 cm，郁闭度 0.74，阳坡，坡度 20°。观测点设在试验区中心地带，面积 1000 m²（30 株松树），海拔 1300 m。该林区分别在 1996 年 4 月和 2003 年 4 月施用过 DpwCPV 病毒，施用面积 400 hm²（病毒制剂由云南省林科院生产，用量为 1500 亿 CPB/hm²），之后未进行过松毛虫的治理，松毛虫的发生处于较低的水平，该地 2014 年越冬代文山松毛虫的虫情数量增加明显，松毛虫的平均虫口密度达到 12 头/株。

DpwCPV 非施用区试验地点选在文山壮族苗族自治州丘北县锦屏镇祥已

村委会小落利村小组云南松林，试验区面积 100 hm²，平均树高 8 m，平均胸径 15 cm，郁闭度 0.72，阳坡，坡度 15°。观测点设在试验区中心地带，面积 1000 m²（30 株松树），海拔 1400 m。该林区近 10 年来持续发生文山松毛虫的危害，过去 5 年应用森得保粉剂分别在 2011 年 4 月和 2012 年 4 月进行过 2 次施药防治文山松毛虫。森得保粉剂由浙江省乐清市森得保生物制品有限公司研制，其成分为 0.18% 阿维菌素和 100 亿孢子/g 的苏云金杆菌可湿性粉剂，该地 2014 年越冬代文山松毛虫的虫口数量仍然处于较高的水平，平均虫口密度达到 28 头/株。

(二)试验方法

DpwCPV 施用区观测点的起始卵量为 4528 粒。DpwCPV 非施用区观测点的起始卵量为 5424 粒。逐日观察一次，雨后增加一次，记载各虫态的存活数、死亡数及死亡原因。同时，将全代划作 5 个时期(卵、1~3 龄幼虫、4 龄以后幼虫、蛹、成虫)，每个时期在林间进行一次虫口密度调查并采集一定数量的个体进行室内饲养，以便校正观测点上的松毛虫死亡率，分析其死亡原因。

(三)各虫态的存活数、死亡数及死亡原因的确定

①捕食数是根据遗留的残骸和目击的数量来确定；②寄生数是根据寄生蜂(蝇)的羽化孔以及镜检结果的寄生数来确定；③雨水冲刷致死数是指下雨前后虫口数量之差；④如果虫尸僵硬，体表有粉状覆盖物的，用 75% 的酒精进行表面处理后，放入无菌培养皿内的滤纸上(保湿)，能长出菌丝者，可以大体确定为真菌。如果虫体缩短、肛门处粘有白色粪便为感染质型多角体病毒，可大体确定为病毒；如果有臭味，进行处理后，又能在牛肉膏蛋白胨培养基上长出菌落者为细菌；⑤除上述致死原因以外的可见死虫归为自然死亡；⑥每次调查前后失踪的虫数归为迁移(失踪)数量(不含雨水冲刷)；⑦成虫的数量是根据新羽化的蛹壳为准；⑧在林间采集 20 对雌雄成虫待其交配后雌成虫分别装入三角瓶中，计算平均产卵量为单雌产卵量；⑨性比是以室内羽化的雌雄成虫比例为准。

二、结果与分析

(一)病毒施用区松毛虫的种群生命表

在云南省红河州弥勒市，第 1 代文山松毛虫全代累计死亡率为 99.8%；1~3 龄幼虫死亡率高达 88.28%。文山松毛虫各虫态的主要死亡原因见表 8-4。

从表 8-4 看出，在文山松毛虫的卵期，引起死亡的因素有被蚂蚁捕食、卵

寄生蜂寄生或因发育不良等。幼虫期死亡的因素有被风刮落、雨水冲刷坠地、不适应自然条件、感病、被天敌寄生和捕食等。文山松毛虫自然种群在整个生长发育期间，因受到不同阶段相关因子的影响和制约，造成大量死亡。所观测的 4528 粒卵，经历卵期、幼虫期、蛹期之后，最终羽化为成虫的仅 9 只，其中雌虫 5 只，雄虫 4 只。在各个发育阶段以幼虫期死亡率最高，而幼虫期中又以 1~3 龄幼虫的死亡率最高，达到 88.28%；蛹期的死亡率其次，达到 86.76%。死亡率从高到低的排列顺序是：1~3 龄幼虫（88.28%）>蛹期（86.76%）>4~6 龄幼虫（85.71%）>卵期（10.31%）。

　　分析各个阶段造成松毛虫死亡的原因，蛹期寄生原因居第一位，其他阶段捕食天敌造成其死亡均居第一。卵期，卵寄生天敌造成的死亡排在第二位，1~3 龄和 4~6 龄的幼虫期由于病毒引起的死亡均排在第二位，分别为：14.53%、13.87%。蛹期捕食性天敌和病毒引起的死亡为并列第二，均为 17.65%。

表 8-4　DpwCPV 施用区文山松毛虫自然种群第 1 代生命表
（云南，红河州，弥勒市竹园林场，2015 年 5—10 月）

发育阶段	各期存活数	死亡原因	死亡数	死亡率（%）	存活率（%）	累积死亡率（%）	逐期存活率（%）
卵 （粒）	4528	寄生	145	3.20	96.80		
		捕食天敌	236	5.21	94.79		
		干瘪	86	1.90	98.10		
		小计	467	10.31	89.69	10.31	89.69
1~3 龄幼虫 （头）	4061	寄生蜂	233	5.74	94.26		
		寄生蝇	265	6.53	93.47		
		捕食天敌	1189	29.28	70.72		
		真菌	240	5.91	94.09		
		细菌	150	3.69	96.31		
		病毒	590	14.53	85.47		
		迁移	146	3.60	96.40		
		自然死亡	420	10.34	89.66		
		雨水冲刷	122	3.00	97.00		
		其他	230	5.66	94.34		
		小计	3585	88.28	11.72	89.49	10.51

（续）

发育阶段	各期存活数	死亡原因	死亡数	死亡率（%）	存活率（%）	累积死亡率（%）	逐期存活率（%）
4~6 龄幼虫（头）	476	寄生	36	7.56	92.44		
		捕食天敌	152	31.93	68.07		
		真菌	35	7.35	92.65		
		细菌	41	8.61	91.39		
		病毒	66	13.87	86.13		
		雨水冲刷	20	4.20	95.80		
		自然死亡	46	9.66	90.34		
		失踪	12	2.52	97.48		
		小计	408	85.71	14.29	98.50	1.50
蛹（个）	68	寄生	14	20.59	79.41		
		捕食天敌	12	17.65	82.35		
		真菌	8	11.76	88.24		
		细菌	8	11.76	88.24		
		病毒	12	17.65	82.35		
		自然死亡	3	4.41	95.59		
		失踪	2	2.94	97.06		
		小计	59	86.76	13.24	99.80	0.20
成虫(只)	9	性比	5：4				
平均产卵量(粒)		221					

注：实际产卵量=实际♀×2×雌性比×平均产卵量=2763 粒；种群趋势指数=实际产卵量/起始卵量=2763÷4528=0.61<1。

　　种群趋势分析表明，文山松毛虫在弥勒市云南松林中的种群趋势指数为0.61<1，表明文山松毛虫在云南松林中的自然种群繁殖一代后其种群数量将呈下降趋势（表 8-4）。

（二）非病毒施用区松毛虫种群生命表分析

　　在云南省文山州丘北县，第 1 代文山松毛虫全代累计死亡率为 98.85%；不同于红河州弥勒市，在丘北文山松毛虫蛹期的死亡率最高，达 83.98%。文山松毛虫各虫态的主要死亡原因见表 8-5。

　　从表 8-5 看出，在文山松毛虫的卵期，引起死亡的因素同样主要是天敌的捕食，如蚂蚁的捕食；其次是因发育不良引起的卵干瘪；再次是卵寄生蜂寄生等。幼虫期死亡的因素有被风刮掉、雨水冲落，不适应自然条件、感病、被天敌寄生和捕食等。文山松毛虫自然种群在整个生长发育期间，因受到不同阶段相关因子的影响和制约，造成大量死亡。所观测的 5424 粒卵，经历卵期、幼虫期、蛹期之后，最终羽化为成虫的数量明显高于弥勒，成虫数量高达 32 只，其中雌虫 17 只，雄虫 15 只。与弥勒不同，丘北云南松林内的文山松毛虫在其各个发育阶段以蛹期死亡率最高，达到 83.98%；其次是 1~3 龄幼虫期，死亡率达到 82.98%；4~6 龄幼虫期的死亡率最低，为 55.31%。

分析丘北各个阶段造成死亡的原因，与弥勒存在一定的差异，在丘北蛹期造成松毛虫死亡第一原因是天敌寄生，其次才是天敌捕食。其他阶段，捕食天敌造成的死亡居第一位，其中，4~6 龄幼虫期捕食性天敌引起的死亡率高达 18.24%。卵期，发育不良造成的死亡排在第二位；1~3 龄幼虫期自然死亡和雨水冲刷死亡原因分别排在第二位和第三位；4~6 龄幼虫期由于细菌病引起的死亡排在第二位（10.28%）；蛹期由寄生性天敌致死的蛹最多，由捕食性天敌致死的蛹居第二位，蛹死亡率分别为：30.49%、24.29%。

表 8-5 DpwCPV 非施用区文山松毛虫自然种群第 1 代生命表
（云南，文山州，丘北县锦屏镇祥已村，2014 年 5-10 月）

发育阶段	各期存活数	死亡原因	死亡数	死亡率（%）	存活率（%）	累积死亡率（%）	逐期存活率（%）
卵期	5424	寄生	45	0.83	99.17		
（粒）		捕食天敌	234	4.31	95.69		
		干瘪	58	1.07	98.93		
		小计	337	6.21	93.79	6.21	93.79
1~3 龄幼虫期	5087	寄生蜂	148	2.91	97.09		
（头）		寄生蝇	112	2.20	97.80		
		捕食天敌	1280	25.16	74.84		
		真菌	318	6.25	93.75		
		细菌	310	6.09	93.91		
		病毒	380	7.47	92.53		
		迁移	216	4.25	95.75		
		自然死亡	820	16.12	83.88		
		雨水冲刷	421	8.28	91.72		
		其他	216	4.25	95.75		
		小计	4221	82.98	17.02	84.03	15.97

（续）

发育阶段	各期存活数	死亡原因	死亡数	死亡率（%）	存活率（%）	累积死亡率（%）	逐期存活率（%）
4~6 龄幼虫期（头）	866	寄生	28	3.23	96.77		
		捕食天敌	158	18.24	81.76		
		真菌	48	5.54	94.46		
		细菌	89	10.28	89.72		
		病毒	58	6.70	93.30		
		雨水冲刷	12	1.39	98.61		
		自然死亡	68	7.85	92.15		
		失踪	18	2.08	97.92		
		小计	479	55.31	44.69	92.86	7.14
蛹期（个）	387	寄生	118	30.49	69.51		
		捕食天敌	94	24.29	75.71		
		真菌	28	7.24	92.76		
		细菌	44	11.37	88.63		
		病毒	16	4.13	95.87		
		自然死亡	15	3.88	96.12		
		失踪	10	2.58	97.42		
		小计	325	83.98	16.02	98.85	1.15
成虫期(只)	32	性比	17∶15				
平均产卵量		256					

注：实际产卵量=实际♀×2×雌性比×平均产卵量=9865 粒；种群趋势指数=实际产卵量/起始卵量=9865 粒÷5424 粒=1.82>1。

种群趋势分析表明，文山松毛虫在丘北县云南松林中的种群趋势指数为1.82>1，表明文山松毛虫在丘北县的云南松林中的自然种群繁殖一代后其种群数量将呈上升趋势(表 8-5)。

三、结论与讨论

基于自然种群生命表的分析表明，DpwCPV 施用区的弥勒市和非施用区的丘北县两地云南松林松毛虫种群生命表存在明显的差异。首先是两地文山松毛虫未来的种群趋势明显不同，弥勒市云南松林内的松毛虫下一代的种群预测将会呈下降趋势，而丘北县云南松林内的松毛虫下一代的种群预测呈上升趋势。其次，两地松毛虫各个阶段的死亡率及其成因也存在明显的差异。

　　分析造成文山松毛虫各阶段死亡的原因，天敌寄生死亡是两地松毛虫蛹期排在第一位的死亡原因，表明寄生天敌是松毛虫蛹期的头号"杀手"。其他阶段造成的死亡原因，两地明显的不同，尤其是文山松毛虫在感染微生物病方面明显不同，弥勒市松林内除卵期外，感病松毛虫的主要感染病原均来源于病毒，造成的死亡率均高于细菌和真菌；而丘北县松林内文山松毛虫的感病虫造成的原因，不同的阶段存在差异，如：由病毒引起 1~3 龄幼虫感病虫死亡数量最多，而 4~6 龄感病虫由细菌引起较多，蛹期病蛹由细菌引起较多。

　　文山松毛虫在两地出现的上述差异现象，应该与当地防治松毛虫所用药剂不同有一定的关联。弥勒市近 10 多年来，应用 DpwCPV 进行过两次文山松毛虫的治理，之后未进行过其他的文山松毛虫防治措施，综合分析本研究发现的结果，即感病虫主要是由于病毒病引起，推测 DpwCPV 已经在弥勒市松林内定殖，其存在时间已超过了 10 年，长期存在的 DpwCPV 对当地文山松毛虫取到了很好的控制作用，尽管 2014 年平均林间文山松毛虫虫口密度为 12 头/株，达到了文山松毛虫的轻度危害，但经过生命表的调查分析，弥勒市松林文山松毛虫的种群趋势指数为 0.61，远远小于 1，可以预测其后一代当地的文山松毛虫种群为下降趋势，加之松毛虫病毒以及其天敌种群已在当地林间生存和较好的定殖，可以预期，弥勒市云南松林内文山松毛虫的危害仍将处于轻度或有虫不成灾的水平。

　　DpwCPV 是松毛虫类害虫的致命性传染性病原体，主要感染松毛虫及少数鳞翅目害虫，对人畜、害虫的天敌如小蜂类、食蝇类及森林生态系统中的其他物种不具任何感病作用。DpwCPV 在弥勒市的应用，不但有效地控制了松毛虫的危害，也有效保护了文山松毛虫的其他寄生和捕食性天敌。研究表明，施用 DpwCPV 的林间，文山松毛虫天敌种类丰富，且数量优势明显，这些天敌类群也对文山松毛虫有了极好的控制作用（表 7-1）。从最近一次施用 DpwCPV（2003 年）到 2015 年，10 多年以来弥勒调查区文山松毛虫种群处于较低的水平，这以 DpwCPV 持续控制文山松毛虫种群的特点密切关联。DpwCPV 可经卵传递感染给文山松毛虫下一代幼虫，在下一代害虫生存条件恶化时群体发病死亡。作为一种生命体，DpwCPV 与其他寄生天敌生物有所不同，DpwCPV 结构简单，其存活必须依附于其宿主，为了使其能长期存活（在），DpwCPV 与文山松毛虫已达成了很好的默契，相互共存，当林间文山松毛虫虫口密度高，病毒病就流行，抑制其虫口数量继续增长；反之则和平共处，即当地文山松毛虫也不会在林间完全消失，DpwCPV 也就在林间长期存（活）在了，就害虫管理而言，此时的森林生态系统达到有虫不成灾的理想状态。由此看来，DpwCPV 是一种极良好的对森林生态系统多样性有保护及恢复作用的超级杀虫剂。

尽管丘北县松林文山松毛虫自然种群也主要受到其天敌的抑制，但当地松林文山松毛虫的种群趋势指数高达 1.82，远远大于 1，可以预测下一代当地的文山松毛虫种群仍为上升趋势，造成这样的原因，与几年前连续使用化学药剂（森得保）防治文山松毛虫有关。森得保是阿维菌素和苏云菌杆菌复配的产品（黄恒献，2006）。阿维菌素虽属生物源农药，但实际上为大环内酯双糖类化合物，也就是化学农药。另外，根据中国农药毒性分级标准来看，阿维菌素是高毒杀虫剂，原药高毒，对蜜蜂和鱼类水生生物等均为高毒，其尽管能快速地杀灭害虫，但对昆虫没有太强的选择性，属广谱性杀虫剂，即害虫与天敌昆虫同样会被杀灭。在自然状况下，森林害虫之所以暴发，是因为其天敌处于较弱势的地位，它们的种群异常脆弱，致使害虫种群数量在短时间内猛增，此时，针对害虫的广谱性化学农药防治的介入，其对天敌影响不言而喻。相比杀死的害虫数量，更大比例的害虫天敌会被同时杀灭，在无法根除害虫的情况下，残留下的害虫种群不但具有更强的抗药能力，而且变得更具繁殖力，在缺乏天敌的抑制作用下，害虫的种群数量会迅速反弹，因此，化学防治使用不当有时会助长害虫的危害。

从本研究结果看，云南省丘北县本次调查的研究区 2012 年 4 月实施化学防治后至 2014 年，尽管天敌对文山松毛虫自然种群控制作用已成为主导，但此时文山松毛虫虫口数量仍处于较高的水平，要使当地文山松毛虫的危害得到有效可持续的控制，选用 DpwCPV 进行控制是目前最好的选择。此外，基于当地文山松毛虫的天敌种类及其控制效率的调查评估结果，采取人工助迁天敌，使林内天敌数量在短期内迅速增加，辅以封山育林措施，这样当地文山松毛虫种群增长的趋势将会被抑制，其种群转而由增变降，文山松毛虫的危害将最终得到有效可持续控制。

通过文山松毛虫自然种群第 1 代生命表的组建和分析，掌握了云南两个地点文山松毛虫在整个生态系统中的部分种群动态规律，以及与外界环境的依存关系，但本研究结果仅是基于其一代自然种群生命表的观测值，所得出的相关结论还需进一步研究加以印证。

第三节　DpwCPV 施用区与化学农药治理区云南松林昆虫群落及其与松毛虫发生的关系

昆虫群落多样性、均匀性、优势度的变化规律能够反映不同群落结构和功能的差异。文山松毛虫是云南松林主要的植食性害虫，其发生程度受天敌控制作用和其他植食性害虫种间竞争的影响，与群落特征指数的变化有内在联系。本研究结果表明，在施用 DpwCPV 病毒防治文山松毛虫的云南松林内昆虫多样性高，物种数量丰富的群落中文山松毛虫的发生量较小，天敌类群优势度较高；而在施用化学农药防治文山松毛虫的云南松林内昆虫多样性较低，物种数量少，植食性类群优势度较高，尤其是文山松毛虫的发生程度仍然较高。因而，针对文山松毛虫的防治措施必须考虑对群落整体的影响，特别是在生产实践中，针对诸如松毛虫之类害虫的防治措施首先要考虑对整个群落和相关物种的影响。

云南松为中国西南地区特有的松科树种，主要分布于云南、西藏东部、四川西部及西南部、贵州西部及西南部和广西西北部。在云南，云南松林的分布面积共 500 万 hm^2，占云南省林地面积的 52%，木材蓄积量占到了云南森林蓄积的 32%，是云南的主要森林类型。文山松毛虫主要危害云南松、思茅松（*Pinus kesiya* var. *langbianensis*）、华山松、湿地松等用材林，其对云南松林的危害最为严重。作为云南当地松林的重要害虫，20 世纪 80 年代和 90 年代，文山松毛虫在云南文山州文山县、丘北县，红河州弥勒市、石屏县、建水县、普洱市镇沅彝族哈尼族拉祜族自治县、景东彝族自治县，临沧市凤庆县、永德县，玉溪市的华宁县、易门县、新平彝族傣族自治县，楚雄彝族自治州永仁县、禄丰县等地连年大发生，致使数千公顷松林受灾枯萎死亡。

DpwCPV 是松毛虫的一种天然病原体，1983 年首次在云南省红河州被发现，之后云南省林业科学院经过多年研究，开发出了松毛虫病毒制剂（已申请专利，申请号：201510084508.9），该制剂被广泛用于包括文山松毛虫在内的多种松毛虫的防治，使云南省的松毛虫灾害年发生面积由 20 世纪 90 年代前后的 20 万 hm^2 下降到 2014 年的 5 万 hm^2 左右，松毛虫生物防治取得了非常显著的治理效果。

DpwCPV 除对松毛虫外，其对松树林内昆虫群落的影响如何？至今的相关研究比较少。本研究通过比较施用过 DpwCPV 的云南松林内（生物防治林分）与化学药剂治理的云南松林内（化学防治林分）其昆虫群落内物种的组成和数量，研究其季节演变格局和规律，以期从群落学角度分析比较应用 DpwCPV 松林与化学防治松林内昆虫群落的结构特征及其与松毛虫发生程度之间的关系，探讨病毒对松毛虫的持续控制效果，为制定松毛虫的生态调控策略提供必要的理论依据；同时也为深入理解 DpwCPV 持续控制松毛虫危害的机制提供科学数据支持，为 DpwCPV 大面积推广应用防治松毛虫提供科学的理论数据支持。

一、材料与方法

(一)试验地概况

DpwCPV 施用区试验地点选在红河州弥勒市的竹园林场红坡头林区石牛塘的云南松林,试验区面积约 100 hm²,平均树高 10 m,平均胸径 18 cm,树龄 40 年以上,郁闭度 0.74,阳坡,坡度 20°。昆虫群落观测点设在试验区中心地带,面积 3 hm²,海拔范围 1200~1300 m,共设 3 块样地:弥勒 1、弥勒 2、弥勒 3。每块样地面积 600 m²,样地与样地间隔 50 m 以上。该林区分别在 1996 年 4 月和 2003 年 4 月施用过 DpwCPV,施用面积 400 hm²(病毒制剂由云南省林科院生产,用量:1500 亿 CPB/hm²),之后未进行过文山松毛虫的治理,文山松毛虫的发生处于较低的水平,2014 年对该地越冬文山松毛虫的种群数量进行了调查,发现虫口数量增加明显,平均虫口密度达到 12 头/株。

文山松毛虫化学农药防治区试验地点选在文山州丘北县锦屏镇祥已村委会小落利村小组云南松林,试验区面积 100 hm²,平均树高 8 m,平均胸径 15 cm,郁闭度 0.72,阳坡,坡度 15°。观测点设在试验区中心地带,面积 3 hm²,海拔 1400 m,共设 3 块样地:丘北 1、丘北 2、丘北 3。每块样地面积 600 m²,样地与样地间隔 50 m 以上。该林区近 10 年来连续发生文山松毛虫的危害,过去 5 年应用森得保粉剂分别在 2011 年 4 月和 2012 年 4 月防治过 2 次文山松毛虫,"森得保"粉剂由浙江省乐清市森得保生物制品有限公司研制,其成分为 0.18%阿维菌素和 100 亿孢子/g 苏云金杆菌可湿性粉剂。该地 2014 年越冬代文山松毛虫的虫口数量仍然处于较高的水平,平均虫口密度达到 28 头/株。

(二)试验方法

1. 文山松毛虫危害的调查方法

于 2014 年 5 月至 2014 年 10 月,在上述弥勒市 DpwCPV 施用区和丘北县化学农药防治试验区,对已设置的每块样地随机抽取 10 株云南松树作为样株,统计样株上的文山松毛虫数量。每隔 30 d 调查 1 次。

2. 树冠昆虫群落的调查方法

在病毒施用区和化学农药防治区云南松林样地,以 5 点式抽样法选取云南松 5 株,于 2014 年 5—10 月,每隔 30 d 调查 1 次。每株树分东、西、南、北 4 个方位,树冠分内、外、上、下 4 个层次,先环绕样树步行 1 周,通过目测、惊飞网捕和震落 3 种形式,统计活动于云南松树冠上的昆虫种类及数量,而后检查栖息于枝干、针叶上的昆虫。记录生活在云南松树体上面的昆虫种类与数量。

3. 云南松林空间内和地面植被上的昆虫调查

在病毒施用区和化学农药防治区的云南松林样地空间内以 5 点式抽样法随机扫捕 30 网；在上述选取的 5 株云南松树下的地表植被上各扫捕 10 网，将捕虫网内的昆虫连同植物碎屑一同放入毒瓶内，杀死昆虫，将毒瓶带回室内分检，记录其中的昆虫种类和数量。

4. 群落多样性分析方法

多样性分析采用丰富度指数、多样性指数、优势度指数和均匀性指数等参数，其计算公式如下。

（1）Shannon-Wiener 多样性指数（H'）：$H' = -\sum_{i=1}^{S} P_i \ln P_i (P_i = H_i/H)$

式中，H' 为多样性指数，S 为物种数，H_i 为物种的个体数，H 为总个体数。P_i 为物种 i 的个体数占群落总个体数的比例（即物种 i 的多度）。

（2）Simpson 优势度指数：$C = \sum \left(\dfrac{n_i}{N}\right)^2$

式中，n_i 为物种 i 的个体数，N 为群落物种个体总数。

（3）Pielou 均匀性指数（J'）：$J' = H'/\ln S$

式中，H' 为多样性指数，S 为物种数。

（4）群落相似性采用 Jaccard 指数（C_s）：

$C_s = c/(a+b-c)$

式中：a 为 A 群落物种数，b 为 B 群落物种数，c 为 A、B 两群落共有的物种数；聚类分析采用类平均法。

二、结果与分析

（一）两种云南松林昆虫群落组成

通过调查，在各样地中共采集昆虫 11 目 56 科 124 种。由表 8-6 可见，丘北调查点的不同样地中丘北 1 号、丘北 2 号、丘北 3 号样地有较高的昆虫个体数量，但物种数量相对较低。其中，丘北 2 号样地物种数量最少，为 68 种，但个体数量最多，为 9436 头；丘北 1 号样地物种数量次少，为 76 种，个体数量次多，为 8590 头；丘北 3 号样地物种数量最多，为 86 种，个体数量为 8280 头。相对于丘北样地，弥勒 1 号、弥勒 2 号、弥勒 3 号均有较高的物种数量。其中，弥勒 1 号样地物种数量最高，共 112 种，个体数量最少，5965 头；弥勒 3 号样地物种数量次少，有 109 种，个体数量为 6862 头；弥勒 2 号样地物种数量为 98 种，个体数量次少，为 5996 头（表 8-6）。

比较施用过 DpwCPV 和化学农药的两种类型的云南松林分，在 DpwCPV 施用区云南松林样地内的昆虫个体数少，种类数多，其中捕食性和寄生性昆虫种类较多，所占比例显著高于丘北县样地；而化学农药防治区的丘北县云南松林样地昆虫种类数少，但个体数多，特别是植食性昆虫类群个体数多，显著高于弥勒样地（表 8-6）。

表 8-6 弥勒丘北两地云南松林昆虫群落基本组成比较

样地	物种数（种）	个体数（头）	捕食性昆虫类群（%）	捕食性昆虫类群（%）	寄生性昆虫类群（%）	中性昆虫（%）
弥勒 1	112	5965	79.4	8.9	8.2	3.5
弥勒 2	98	5996	80.2	10.2	7.8	1.8
弥勒 3	109	6862	82.6	9.8	6.4	1.2
丘北 1	76	8590	96.2	1.8	1.4	0.6
丘北 2	68	9436	95.4	1.2	1.5	1.9
丘北 3	86	8280	94.8	1.4	1.8	2.0

（二）两种云南松林昆虫群落多样性指数比较

松林中昆虫群落多样性指数的变化趋势能反映各样地昆虫群落的时空变化特征，从而可以区分不同样地间林分中昆虫群落的差异，因而可作为研究森林生态系统中昆虫群落内在规律的重要指标（吴坤君等，2005）。弥勒市和丘北县两地云南松林分中各样地昆虫群落不同月份多样性指数如见图 8-1。由图 8-1 可见，各样地昆虫群落多样性指数的变化趋势类似，5 月最低，到 6 月逐渐升高，7 月达到峰值后开始下降，8—9 月降幅较大，10 月降至与 5 月类似的低水平。

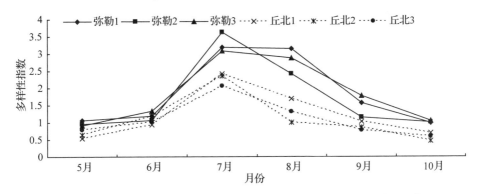

图 8-1 弥勒与丘北两地云南松林昆虫群落多样性指数时序动态变化比较

5 月份，与云南松为主的寄主植物开始抽梢生长，许多昆虫仍处在或已解除休眠或滞育，但其种类相对较少，只有少数植食性种类(尤其是松毛虫等)数量多，因而昆虫的多样性指数低。7 月是寄主植物和昆虫的快速生长发育时期，林分中昆虫物种数量迅速增加，昆虫群落多样性指数达到了一年中的最高值。7 月以后昆虫群落经历了一个由发育成熟到逐渐衰退的阶段，昆虫的多样性指数呈下降趋势(图 8-1)。各样地间，尤其是弥勒和丘北两地松林样地之间多样性指数的波动范围存在明显差异。弥勒 3 块样地多样性指数为 0.921~3.621，波动位差高达 2.7；丘北 3 块样地多样性指数为 0.468~2.408，波动位差仅为 1.94(表 8-7)。

表 8-7　两种云南松林昆虫群落多样性指数时序动态比较

月份	弥勒 1	弥勒 2	弥勒 3	丘北 1	丘北 2	丘北 3
5 月	1.064	0.956	0.921	0.541	0.641	0.784
6 月	1.186	1.058	1.324	0.939	1.194	1.021
7 月	3.179	3.621	3.079	2.408	2.356	2.062
8 月	3.146	2.422	2.882	1.685	1.008	1.320
9 月	1.568	1.143	1.764	1.021	0.856	0.765
10 月	0.984	1.002	1.044	0.682	0.468	0.589

　　总体上，DpwCPV 施用区的弥勒市云南松林样地的昆虫种群多样性指数均高于化学防治区丘北县云南松林样地的多样性指数。

(三)两种云南松林昆虫群落均匀性指数比较

　　森林生态系统中群落的均匀性指数的时序动态可以反映群落组成结构的特性。不同月份弥勒和丘北两地云南松林中各样地的昆虫群落均匀性指数如图 8-2。由图 8-2 可知，各样地昆虫群落均匀性指数动态曲线走势基本相似，不同月份间昆虫群落均匀性指数存在一定的变化，其中 7 月的均匀性指高于其他月份，其中，弥勒 1 号样地的昆虫群落均匀性指数最高，达到 0.89。由此可见，不同样地昆虫群落均匀性指数的总体水平存在差异。丘北县 3 块样地的昆虫群落均匀性指数较低，为 0.302~0.770；弥勒市 3 块样地的昆虫群落均匀性指数相比丘北试验点较高，为 0.401~0.890。此外。与上述昆虫群落的多样性变化趋势相比，昆虫群落的均匀性指数 5—10 月份变化趋势较为平缓、幅度小，这是由于弥勒和丘北两地试验区云南松林林分比较单一，昆虫群落组成种类较贫乏，一年当中优势种群(如文山松毛虫)个体数量的变化幅度大，且不同季节均有明显的优势种(表 8-8)。

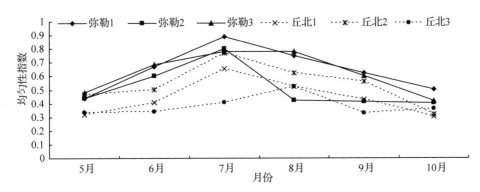

图 8-2　弥勒与丘北两地云南松林昆虫群落均匀性指数时序动态变化比较

表 8-8　两种云南松林昆虫群落均匀性指数时序动态比较

月份	弥勒 1	弥勒 2	弥勒 3	丘北 1	丘北 2	丘北 3
5 月	0.441	0.442	0.482	0.321	0.467	0.334
6 月	0.672	0.601	0.685	0.406	0.501	0.342
7 月	0.890	0.802	0.781	0.654	0.770	0.406
8 月	0.751	0.424	0.779	0.526	0.623	0.524
9 月	0.621	0.412	0.602	0.429	0.562	0.328
10 月	0.501	0.401	0.421	0.302	0.321	0.361

(四)两种云南松林昆虫群落优势度指数比较

　　森林生态系统中群落的优势度指数可较好地反映各样地间群落中优势种群的变化动态差异。由图 8-3 可知，弥勒和丘北两地各样地昆虫群落优势度指数的变化趋势基本相同，5 月较高，7 月下降到最低，而后又逐渐升高。春季，云南松林中少数植食性害虫，如文山松毛虫幼虫出蛰活动较早，种群数量大、优势度高；夏季林分中由于食物丰富，昆虫种类增加，群落的多样性和均匀性显著提高，种间竞争趋于平衡，因而重要害虫(如：文山松毛虫)的优势度降低；秋季，许多种群由于休眠或死亡，而昆虫种群数量逐渐衰退，少数优势种群，如 2 代文山松毛虫幼虫开始出现，又占据主导地位，群落优势度有所回升。总体而言，弥勒和丘北两地间群落优势度也存在明显的差异，全年范围内丘北 3 块样地的优势度均较高，植食性害虫种类特别是文山松毛虫的种群数量高，而优势度较低的弥勒样地，优势种类较少，且种群数量低(图 8-3，表 8-9)。

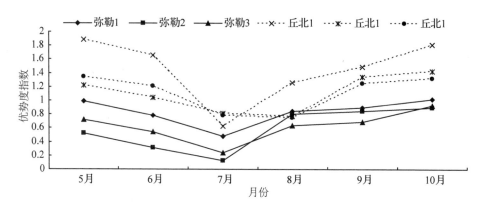

图 8-3　弥勒与丘北两地云南松林昆虫群落优势度指数时序动态变化比较

表 8-9　两种云南松林昆虫群落优势度指数时序动态比较

月份	弥勒 1	弥勒 2	弥勒 3	丘北 1	丘北 2	丘北 3
5 月	0.990	0.525	0.722	1.890	1.222	1.340
6 月	0.781	0.315	0.541	1.656	1.046	1.208
7 月	0.475	0.126	0.241	0.621	0.810	0.784
8 月	0.842	0.799	0.631	1.263	0.771	0.745
9 月	0.895	0.842	0.690	1.490	1.342	1.250
10 月	1.022	0.895	0.924	1.812	1.432	1.320

（五）两种云南松林昆虫群落的相似性比较

根据弥勒和丘北两地云南松林不同样地昆虫群落的种类组成，分别计算各样地间的群落相异系数，再根据云南松林中各样地群落相异系数，将不同样地的群落按最近邻体法进行聚类（图 8-4）。在相异系数 0.21 水平下，云南松林内各样地昆虫群落可分为两大类：①在相异系数 0.13 水平下归为一类：丘北 1、丘北 2、丘北 3，代表云南松林化学防治区的昆虫群落，由于这 3 块样地林分结构相近，其昆虫群落共有种类较多，尤其是以文山松毛虫为代表的植食性害虫发生状况相似；②在相异系数 0.19 水平下归为一类的弥勒 1、弥勒 2、弥勒 3，代表 DpwCPV 防治区昆虫群落的特点。由于该云南松林区采用了对害虫选择性很强的病毒制剂防治文山松毛虫，保护了森林内其他昆虫种类，致使多种昆虫共同栖息繁衍于同一林分中，其中，捕食性、寄生性昆虫种类和数量相比化学防治区的丘北云南松林区，明显增加，因而与化学农药防治区云南松林昆虫群落相异性较大，这种昆虫群落的相似性差异与文山松毛虫的发生程度丘北重于弥勒的实际规律相吻合。

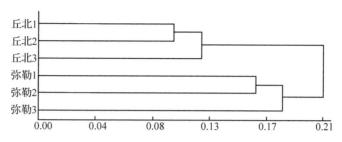

图 8-4　云南松不同样地昆虫群落相似性聚类分析

(六)两种云南松林文山松毛虫及其主要天敌类群比较

经林间调查，文山松毛虫幼虫期的主要天敌类群包括寄生蜂、寄生蝇，且寄生率较高，主要有两色瘦姬蜂、佛氏大腿蜂、单齿长尾小蜂、松毛虫华丽寄蝇等，此外，调查样地内文山松毛虫的天敌还有蚂蚁、螳螂、猎蝽及喜鹊、杜鹃等鸟类；蛹期天敌有花胸姬蜂(*Gotra octocinctu* Ashmead)等。这些天敌类群在各样地分布的数量和种类有所差异，通过其多样性、优势度的比较，能够反映各样地中文山松毛虫及其主要天敌类群的群落特征(表 8-10)。由表 8-10 可见，弥勒 1 号样地的文山松毛虫优势度最小，其发生程度最轻，文山松毛虫的平均虫量仅为 5 头/株。而丘北 1、丘北 2 和丘北 3 样地文山松毛虫优势度高，发生较重，文山松毛虫的平均虫量达到 28 头/株。天敌类群中以弥勒 1 号样地多样性、优势度最高，种类最为丰富。丘北的 3 块样地的天敌种群的多样性和优势度均低于弥勒 3 块样地的数值，说明丘北样地天敌种类贫乏、数量少。天敌类群与文山松毛虫的优势度在丘北与弥勒两地间的变化趋势相反，即化学防治区样地天敌类群种类和数量均低于 DpwCPV 防治区云南松林，表明了 DpwCPV 防治区天敌类群对文山松毛虫的控制作用明显优于化学防治区云南松林(表 8-10)。

表 8-10　两种云南松林文山松毛虫及其主要天敌类群群落特征比较

类群	弥勒 1	弥勒 2	弥勒 3	丘北 1	丘北 2	丘北 3
文山松毛虫优势度	0.008	0.011	0.012	0.102	0.097	0.110
天敌优势度	0.124	0.098	0.103	0.065	0.046	0.028
天敌种类数(种)	10	9	9	3	3	4
天敌多样性	0.682	0.426	0.321	0.073	0.073	0.074

三、结论与讨论

森林生态系统中昆虫群落多样性、均匀性、优势度的变化规律能够反映林分中不同群落结构和功能的差异。文山松毛虫是云南松林主要的植食性害虫，其发生程度受天敌控制作用和其他植食性害虫种间竞争的影响，与群落特征指数的变化有内在联系。本研究结果表明，在施用 DpwCPV 防治文山松毛虫的云南松林内昆虫多样性高，此类林分中昆虫的物种数量丰富，天敌昆虫类群优势度较高，文山松毛虫的发生量较小；而在施用化学农药防治文山松毛虫的云南松林内昆虫多样性较低，昆虫的物种数量少，昆虫植食性类群优势度较高，尤其是文山松毛虫的发生程度仍然较高。调查结果提示，针对松毛虫的防治措施，必须同时考虑所用措施对森林群落整体的影响，特别是在生产实践中，针对诸如松毛虫之类害虫的防治措施要考虑对整个昆虫群落和相关物种的影响。

DpwCPV 是松毛虫类害虫的致命性传染性病原体，主要感染松毛虫及少数鳞翅目害虫，对文山松毛虫具有极好的选择性和极佳的控制效果，其对人畜、害虫的天敌如小蜂类、食蝇类以及森林生态系统中的其他物种不具任何致病作用，是一种极良好的对森林生态系统多样性有保护及恢复作用的超级杀虫剂。丘北县使用"森得保"防治文山松毛虫，其主要成分是阿维+Bt，也就是阿维菌素和苏云菌杆菌复配的产品，它对松毛虫及其天敌均具有一定的杀灭作用。

害虫之所以会暴发成灾，相对于其天敌而言，关键是其虫口数量的优势，也就是在自然状况下，害虫的虫口数远远大于其天敌的数量，从而导致其暴发成灾。DpwCPV 杀虫剂只对松毛虫有杀灭作用，而对松毛虫的天敌没有任何伤害作用，当松毛虫的数量被 DpwCPV 有效控制而明显下降时，松毛虫天敌的数量没有任何影响，此时天敌对松毛虫种群增长产生了有效的抑制，这些天敌与 DpwCPV 的多重作用，使松毛虫的危害达到了有虫而难以成灾的理想状态。DpwCPV 这种病毒杀虫剂可经卵传递感染松毛虫下一代幼虫，在下一代害虫生存条件恶化时群体性发生流行病，最终导致其死亡，因此具有可持续控制害虫的特点，防治 1 次至少可持续控制 3~5 年，多则 10 年以上。2003 年弥勒在全县针对松毛虫进行了 DpwCPV 防治应用，在林间的控制效果已从最初"防 1 次管 3~5 年"的目标跃升至 10 年以上的持续控制时限。

弥勒市和丘北县均地处亚热带季风气候区，两地直线距离不过 90 km，两地的森林类型十分相似，尤其是云南松林分植物多样性类型基本相同，然而两地的松毛虫危害差异很大。这与防治文山松毛虫所选择的药剂关系密切。通常害虫暴发地也是天敌昆虫的富集区域，丘北县选用了化学防治，在防治松毛虫的同时也杀灭了大量的松毛虫天敌。广谱性杀虫剂在杀灭害虫时，亦将害虫的天敌一同杀死。因为害虫天敌的抗药性差，空中漂浮的微量药液，对害虫天敌(寄生蜂或寄生蝇)也是致命的。化学防治的介入，其实最大受害的对象是害虫的天敌。可以推测，化学防治时如果害虫无法根除，留下的害虫种群不但抗药能力增强了，同时更具繁殖力，在缺乏天敌的抑制作用下，害虫的种群数量会迅速反弹，因此，化学防治其实间接地助长了害虫的危害。

基于本研究结果，在进行农林生态系统中害虫防治时应尽可能避免使用化学农药，防止化学农药对农田或森林环境的污染和破坏，而应选择生物防治的技术和手段，DpwCPV 制剂防治松毛虫的危害就是一个非常好的选择。

第九章
DpwCPV 制剂应用及其效益分析

松毛虫病毒是松毛虫类害虫的致命性传染性病原体，主要感染松毛虫及少数鳞翅目害虫，对人畜、害虫的天敌如小蜂类、食蝇类及森林生态系统中的其他物种不具任何感病作用，是一种极良好的对森林生态系统多样性有保护及恢复作用的超级杀虫剂，这种病毒可经卵传递感染松毛虫的下一代幼虫，在下一代害虫生存条件恶化时群体发病死亡，因此具有可持续控制害虫的特点。项目的实施和推广应用取得了显著的生态、经济和社会效益。

第一节　效益分析

一、社会效益

本项目的研究成果使松毛虫病毒生产的产业化及应用技术跃上新台阶，推动云南省乃至全国松毛虫的无污染化防治水平，并提供了基础数据支持。成果的推广应用直接保护了森林免受松毛虫的危害，避免了化学农药治理对森林生态系统的污染，进而有效预防了松树的次期性蛀干害虫[如：切梢小蠹（*Tomicus* spp.）、松褐天牛（*Monochamus alternatus* Hope）等]或森林病害对林木的致命侵害，促进了林木的生长，提高了森林木材蓄积量，保护了森林生态环境，显著提升了森林景观水平，成果的应用对发展弥勒市绿色经济、林下经济等具有重要的推动作用。

二、生态经济效益

本项目的研究成果于 2013—2015 年期间在弥勒市的西一镇、西三镇、虹溪镇、巡检司镇、弥阳镇、竹园镇、朋普镇、竹园林场等 7 乡镇和林场的林区得到了推广应用，应用推广面积达到 1.75 万 hm^2，这些地区的松毛虫危害得到了持续有效控制，使弥勒全区域的松毛虫得到了有效的持续控制，也使弥勒市 6.67 万 hm² 森林避免了松毛虫的危害，使得弥勒市的森林生态系统服务功能得到了充分的展现。

根据文献（赵元藩等，2010），松毛虫的危害所造成的直接经济损失约 2475 元/（hm²·年）。此外，由于松毛虫的危害，给次期性害虫（如：切梢小蠹）的危害创造了先决条件，因此，本项目的实施不但使松毛虫得到可持续控制，也间接挽回了由于次期性害虫危害造成的经济损失。杨永祥（2000）研究认为切梢小蠹危害可导致 74.1%云南松蓄积量下降，平均下降量为 15.14m³/hm²，即 1 m³/亩，如按 1000 元/m³ 计算，本研究间接挽回材积 15000 元/（hm²·年）。另外，根据赵元藩等（2010）对云南森林生态系统服务功能价值的评估折算办法，本项研究的生态经济价值极其显著。计算依据分类如下：

（1）挽回松毛虫危害造成的直接经济损失 2475 元/（hm²·年）；

（2）新增加材积产值 9750 元/（hm²·年）；

（3）减少次期害虫（如小蠹虫）危害损失 15000 元/（hm²·年）；

（4）节约林业有害生物防治费 420 元/（hm²·年）；

（5）新增林下经济（如：野生食用菌）产值 720 元/（hm²·年）；

（6）新增森林游憩产值 21 元/（hm²·年）；

（7）新增健康森林涵养水源价值 20580 元/（hm²·年）；

（8）新增健康森林保育土壤价值 15390 元/（hm²·年）；

（9）新增健康森林生物多样性保护价值 21465 元/（hm²·年）；

（10）新增健康森林固碳释氧价值 8580 元/（hm²·年）；

（11）新增健康森林净化大气环境价值 2940 元/（hm²·年）；

（12）新增健康森林积累营养物质价值 570 元/（hm²·年）。

根据上述分类计算办法，2013—2015 年间弥勒市西一镇应用"基于 DpwCPV 的松毛虫生物防治模式的研发与应用"成果使当地松毛虫得到了持续控制，共保护森林面积 6471.33 hm²，共新增总产值 190171.778 万元，其中直接经济效益 55108.58 万元，生态经济效益 135063.2 万元。2013—2015 年间弥勒市巡检司镇应用本成果，共保护森林面积 2153.33 hm² 亩，共新增总产值 63250.50 万元，其中直接经济效益 18337.36 万元，生态经济效益 44913.12 万元。2013—2015 年间弥勒市虹溪镇应用本成果，共保护森林面积 613.33hm²，共新增总产值 18015.62 万元，其中直接经济效益 5223.024 万元，生态经济效益 12792.6 万元。2013—2015 年间弥勒市竹园林场应用本成果，共保护森林面积 566.67 hm²，共新增总产值 16644.87 万元，其中直接经济效益 4825.62 万元，生态经济效益 11819.25 万元。2013—2015 年间弥勒市弥阳镇应用本成果，共保护森林面积 540.00 hm²，共新增总产值 15861.58 万元，其中直接经济效益 4598.53 万元，生态经济效益 11263.05 万元。2013—2015 年间弥勒市西三镇应用本成果，共保护森林面积 5776.00 hm²，共新增总产值 169660.18 万元，其中直接经济效益 49187.26 万元，生态经济效益 120472.9 万元。2013—2015 年间弥勒市竹园镇应用本成果，共保护森林面积 311.33 hm²，共新增总产值 9144.89 万元，其中直接经济效益 2651.25 万元，生态经济效益 6493.64 万元。2013—2015 年间弥勒市朋普镇应用本成果，共保护森林面积 1113.33 hm²，共新增总产值 32702.27 万元，其中直接经济效益 9480.92 万元，生态经济效益 23221.35 万元(表 9-1)。

表 9-1 基于 DpwCPV 的松毛虫生物防治技术应用 2013—2015 年经济效益分析

应用地点	应用面积 （hm²）	测算依据	小计 （万元）	效益类型	小计 （万元）	合计 （万元）
弥勒市 西一镇	6471.33	（1）	4804.965	直接经济 效益	55108.58	190171.78
		（2）	18928.65			
		（3）	29121.00			
		（4）	815.39			
		（5）	1397.81			
		（6）	40.77			
		（7）	39954.01	生态经济 效益	135063.20	
		（8）	29878.15			
		（9）	41759.51			
		（10）	16657.21			
		（11）	5707.72			
		（12）	1106.60			
弥勒市 巡检司镇	2153.33	（1）	1598.85	直接经济 效益	18337.36	63250.50
		（2）	6298.50			
		（3）	9690.00			
		（4）	271.32			
		（5）	465.12			
		（6）	13.57			
		（7）	13294.65	生态经济 效益	44913.12	
		（8）	9941.94			
		（9）	13866.39			
		（10）	5542.68			
		（11）	1899.24			
		（12）	368.22			

（续）

应用地点	应用面积 （hm²）	测算依据	小计 （万元）	效益分类	小计 （万元）	合计 （万元）
弥勒市 虹溪镇	613.33	（1）	455.40	直接经济 效益	5223.02	18015.62
		（2）	1794.00			
		（3）	2760.00			
		（4）	77.28			
		（5）	132.48			
		（6）	3.86			
		（7）	3786.72	生态经济 效益	12792.60	
		（8）	2831.76			
		（9）	3949.56			
		（10）	1578.72			
		（11）	540.96			
		（12）	104.88			
弥勒市 竹园林场	566.67	（1）	420.75	直接经济 效益	4825.62	16644.87
		（2）	1657.5			
		（3）	2550.00			
		（4）	71.40			
		（5）	122.40			
		（6）	3.57			
		（7）	3498.60	生态经济 效益	11819.25	
		（8）	2616.30			
		（9）	3649.05			
		（10）	1458.60			
		（11）	499.80			
		（12）	96.90			

（续）

应用地点	应用面积（hm²）	测算依据	小计（万元）	效益分类	小计（万元）	合计（万元）
弥勒市弥阳镇	540.00	（1）	400.95	直接经济效益	4598.53	15861.58
		（2）	1579.5			
		（3）	2430.00			
		（4）	68.04			
		（5）	116.64			
		（6）	3.40			
		（7）	3333.96	生态经济效益	11263.05	
		（8）	2493.18			
		（9）	3477.33			
		（10）	1389.96			
		（11）	476.28			
		（12）	92.34			
弥勒市西三镇	5776.00	（1）	4288.68	直接经济效益	49187.26	169660.18
		（2）	16894.80			
		（3）	25992.00			
		（4）	727.78			
		（5）	1247.62			
		（6）	36.39			
		（7）	35661.02	生态经济效益	120472.90	
		（8）	26667.79			
		（9）	37194.55			
		（10）	14867.42			
		（11）	5094.43			
		（12）	987.70			

（续）

应用地点	应用面积 （hm²）	测算依据	小计 （万元）	效益分类	小计 （万元）	合计 （万元）
弥勒市 竹园镇	311.33	（1）	231.17	直接经济 效益	2651.25	9144.89
		（2）	910.65			
		（3）	1401.00			
		（4）	39.23			
		（5）	67.25			
		（6）	1.96			
		（7）	1922.17	生态经济 效益	6493.64	
		（8）	1437.43			
		（9）	2004.83			
		（10）	801.37			
		（11）	274.60			
		（12）	53.24			
弥勒市 朋普镇	1113.33	（1）	826.65	直接经济 效益	9480.92	32702.27
		（2）	3256.50			
		（3）	5010.00			
		（4）	140.28			
		（5）	240.48			
		（6）	7.01			
		（7）	6873.72	生态经济 效益	23221.35	
		（8）	5140.26			
		（9）	7169.31			
		（10）	2865.72			
		（11）	981.96			
		（12）	190.38			

综上所述，本项成果的应用推广面积总计达 17848.33 hm²，新增加总产值达 51.55 亿元，其中直接经济效益达 14.94 亿元，生态经济效益达 36.61 亿元，成果应用的生态、社会和经济效益十分显著，成果简便、易行，可以在全省及至全国松毛虫危害区推广应用，该项成果应用前景广阔，生态、社会和经济效益极为可观。

第二节 成果应用展望

从 2015 年 5 月调查弥勒市西山示范区和竹园林场的实际效果显示，文山松毛虫病毒林间的控制效果已从最初"防 1 次管 3~5 年"的目标持续控制到了 10 年以上。

一、病毒防治松毛虫在维护国土生态安全方面成绩凸显

根据项目组多年的连续跟踪观察，利用病毒防治过的文山松毛虫历史重灾区，DpwCPV 在文山松毛虫种群内广泛流行，虫害从根本上得到了控制。如：红河州弥勒市境内 1.33 万 hm² 云南松和华山松林长期受文山松毛虫、思茅松毛虫危害，自 2002 年以来，每年使用病毒防治松毛虫 666.67 hm² 左右，连续 3 年，现在当地松毛虫的危害得到有效控制，弥勒全市境内松毛虫虫口密度长期处于经济阈值之下，松毛虫天敌如寄生蜂类、寄生蝇类种群数量增加(病毒对天敌无害)，走遍全县，偶见文山松毛虫，解剖及室内观察，95% 以上松毛虫都携带病毒，说明病毒已完全扩散传染，DpwCPV 病毒病自然流行于林间，当地松毛虫危害得到了持续控制。

二、病毒防治松毛虫在维护经济贸易安全方面发挥了积极作用

云南由于所处地域特殊，森林的第一要务是生态安全，但 94% 的山地面积，使当地的经济发展出路在山，其中的林下中药材种植、野生食用菌采集等林下经济是山区人民致富的重要经济来源。林业有害生物防治如果使用化学农药，不但污染了生态环境，使森林生态系统及防治害虫的工作长期处于恶性循环之中，也严重影响了林下经济的发展。如 2013 年欧盟从云南省进口的野生食用菌中抽检出农药残留，欧盟籍此设置了贸易壁垒，限制了云南野生食用菌的出口，阻碍了云南野生食用菌经济的发展。针对此事件，2014 年 9 月，云南省野生菌协会委托中华人民共和国云南出入境检验检疫局检验检疫技术中心对弥勒市西山林区采集的云南野生食用菌进行农药残留检测(该林区仅使用过病毒防治松毛虫)，未检出任何农药残留。可见，利用病毒防治松毛虫在维护经济贸易安全方面发挥了积极作用。

三、病毒防治松毛虫在维护森林食品安全方面提供了重要保障

维护森林食品安全对林业有害生物防治工作提出了新挑战。当今森林绿色食品越来越受到人们的青睐，尤其是野生食用菌、森林蔬菜等是云南出口创汇的重要传统产品，在进行松毛虫防治中选用 DpwCPV，能够避免林下农药残留和水源污染，使森林绿色食品安全得到了全面的保障。

主要参考文献

蔡文翠，黎茂尧，黎勇，等，2004. 思茅松毛虫质型多角体病毒防治思茅松毛虫研究[J].
中国森林病虫，23(2)：21-23.

陈昌洁，1990. 松毛虫综合管理[M]. 北京：中国林业出版社.

陈昌洁，沈瑞祥，潘允中，等，1999. 中国主要森林病虫害防治研究进展[M]. 北京：中
国林业出版社.

陈昌洁，王志贤，陶粮，等，1990. 利用棉铃虫为宿主增殖松毛虫质型多角体病毒[J]. 林
业科学研究，3(3)：263-265.

陈尔厚，陈世维，段兆尧，等，1987. 文山松毛虫质型多角体病毒生物活性测定[J]. 云南
林业科技(1)：54-57.

陈尔厚，陈世维，段兆尧，等，1988. 日本赤松毛虫质型多角体病毒生物活性测定[J]. 云
南林业科技(1)：50-54.

陈尔厚，陈世维，索启恒，等，1999. DCPV 围栏增殖技术和效果分析[J]. 云南林业科技
(2)：53-62.

陈明树，王用贤，李燕轻，等，1992. 思茅松毛虫核型多角体病毒的初步研究[J]. 森林病
虫通讯(4)：5-6.

陈鹏，槐可跃，袁瑞玲，等，2007. 基于 DpwCPV 的松毛虫生物防治模式研发[J]. 中国森
林病虫，36(2)：1-4.

陈鹏，槐可跃，袁瑞玲，等，2016. 2 种云南松林内昆虫群落多样性分析[J]. 防护林科技
(12)：5-9.

陈鹏，槐可跃，袁瑞玲，等，2016. 不同治理区文山松毛虫自然种群生命表比较[J]. 中国
森林病虫，35(5)：7-11，46.

陈鹏，季梅，刘宏屏，等，2003. 印楝素制剂防治松毛虫及松小蠹室内试验初报[J]. 云南
林业科技(4)：72-74.

陈世维，陈尔厚，李光宗，等，1987. 文山松毛虫质型多角体病毒的安全性试验[J]. 云南
林业科技(2)：35-40.

陈世维，陈尔厚，索启恒，等，1985. 昆虫病毒在我省防治松毛虫中的作用[J]. 云南林业
科技(2)：50-51.

陈世维，陈尔厚，索启恒，等，1985. 应用文山松毛虫繁殖文山 CPV 和日本 CPV 的工作小
结[J]. 云南林业科技(1)：40-41.

陈世维，陈尔厚，索启恒，等，1985. 在云南发现的几种昆虫病毒[J]. 森林病虫通讯(4)：
14-18.

陈世维，陈尔厚，索启恒，等，1985. 在云南发现的几种昆虫病毒分离和鉴定[J]. 云南林业科技(1)：34-35, 37.

陈世维，陈尔厚，索启恒，等，1986. 云南发现的几种昆虫病毒简报[J]. 林业科技通讯(3)：21-24.

陈世维，陈尔厚，索启恒，等，1987. 文山松毛虫质型多角体病毒感染家蚕试验初报[J]. 云南林业科技(1)：61-63, 69.

陈世维，陈尔厚，索启恒，等，1988. 日本赤松毛虫质型多角体病毒对鳞翅目11个虫种的交叉感染试验[J]. 云南林业科技(1)：47-49.

陈世维，陈尔厚，索启恒，等，1997. 云南省松毛虫病毒资源及其应用[J]. 中国生物防治，13(3)：122-124.

陈世维，陈尔厚，索启恒，等，1998. 文山松毛虫肠道微生物区系及其感染CPV后的变化[J]. 中国生物防治，14(1)：48-50.

陈世维，段兆尧，陈尔厚，等，1997. 文山松毛虫质型多角体病毒的剂型研制[J]. 云南林业科技(4)：53-58.

陈世维，王庆秀，1980. 德昌松毛虫核型多角体病毒研究初报[J]. 微生物学通报，7(4)：149, 192.

陈涛，1995. 有害生物的微生物防治原理和技术[M]. 武汉：湖北科学技术出版社.

陈廷伟，徐玲玫，陈婉华，等，1979. 赤松毛虫的一种新的质型多角体病毒[J]. 微生物学报，19(3)：292-296.

段兆尧，陈尔厚，陈世维，等，1987. 文山松毛虫质型多角体病毒的增殖[J]. 云南林业科技(1)：58-60.

段兆尧，胡光辉，1999. 松毛虫病毒的生产方法及使用技术[J]. 西南林学院学报(1)：43-46.

范民生，江复善，席客，1983. 赤松毛虫质型多角体病毒复制和提取技术研究[J]. 江苏林业科技(1)：24-26.

广东省林业科学研究院，1974. 马尾松毛虫多角体病毒研究初报[J]. 林业科技通讯(10)：13-17.

洪华珠，杨红，1995. 病毒杀虫剂的发展[J]. 中国生物防治，11(2)：84-88.

洪键，1986，核酸分子的电镜观察技术[G]//《高等农业教育》编辑部. 高等农林院校应用电子显微镜伎术论文选编. 高等农业教育：1-12.

侯陶谦，1987. 中国松毛虫[M]. 北京：科学出版社.

胡光辉，陈尔厚，陈世维，等，2000. Bt-DCPV复合微生物杀虫剂防治文山松毛虫试验[J]. 云南林业科技(1)：56-60.

胡光辉，陈尔厚，段兆尧，等，1998. 松毛虫质型多角体病毒围栏增殖技术[J]. 云南林业科技(2)：44-47.

胡光辉，陈尔厚，段兆尧，等，1999. 松毛虫CPV的增殖、提取及应用技术[J]. 云南林业科技(4)：58-63.

胡光辉，段兆尧，陈尔厚，等，1996. 松毛虫质型多角体病毒林间增殖技术[J]. 云南林业
　科技(4)：70-72.

胡光辉，槐可跃，张瑆，等，2003. 松毛虫病毒增殖新方法[J]. 中国森林病虫，22(6)：
　28-31.

胡建芳，张珈敏，杨娟，2003. 单引物法扩增马尾松毛虫质型多角体病毒基因组第 8 片段
　及其序列分析[J]. 中国病毒学，18(1)：39-43.

黄恒献，2006. 森得保药剂防治马尾松毛虫试验[J]. 福建林业科技(3)：120-122.

贾春生，由士江，王力，1996. 落叶松毛虫 CPV 感染落叶松毛虫的组织病理学研究[J].
　吉林林学院学报，12(3)：130-133.

蒋良婉，1987. 核酸研究技术[M]. 北京：科学出版社：129-134.

靳亮，彭晗，王金昌，等，2014. 质型多角体病毒侵染、转录调节机制的研究进展[J]. 江
　西科学，32(4)：509-514.

李镇宇，李凯，许志春，等，1996. 油松的补偿作用与超补偿作用在松毛虫综合管理中的
　应用[G]//中国有害生物综合治理论文集. 北京：中国农业科技出版社.

梁世平，邓红，张世敏，等，1991. 静电泳动核酸电镜技术[J]. 病毒学杂志，6(1)：71-73.

辽宁省林科所，1977. 油松毛虫质型多角体病毒初报[J]. 林业科技通讯(12)：12.

刘清浪，吴若光，曾陈湘，1986. 应用马尾松毛虫质型多角体病毒防治松毛虫的研究[J].
　病毒学杂志(4)：65-71.

刘清浪，吴若光，曾陈湘，等，1988. 用马尾松毛虫复制日本赤松毛虫 CPV 的研究[J]. 广
　东林业科技(2)：6-15.

刘润忠，谢天恩，彭辉银，等，1992. 文山松毛虫质型多角体病毒形态结构及理化性质的
　研究[J]. 中国病毒学，7(1)：69-79.

龙富荣，唐永军，黄惠萍，等，2004. 云南松毛虫病毒粉剂林间防治效果[J]. 中国森林病
　虫，23(4)：38-39.

吕鸿声，1982. 昆虫病毒与昆虫病毒病[M]. 北京：科学出版社：364-371.

马永平，孟小林，胡蓉，等，2001. 替代宿主增殖松毛虫质型多角体病毒的比较研究[J].
　中国病毒学，16(2)：155-160.

彭辉银，陈新文，姜芸，等，1998. 松毛虫赤眼蜂携带质型多角体病毒防治马尾松毛虫[J].
　中国生物防治，14(3)：111-113.

彭辉银，周显明，沈瑞菊，等，2000. 文山松毛虫质型多角体病毒杀虫剂的研制[J]. 中国
　病毒学(2)：54-60.

施新献，1980. 医学动物实验方法[M]. 北京：人民卫生出版社.

索启恒，1982. 松毛虫属在云南的地理分布[J]. 云南林业科技(2)：88-92，99.

索启恒，陈世维，陈尔厚，等，1994. 应用 DPW-CPV-Ⅱ剂型病毒防治文山松毛虫的试验
　报告[J]. 云南林业科技(2)：52-54.

索启恒，陈世维，陈尔厚，等，2000. 文山松毛虫质型多角体病毒持续感染原宿主的调查

　　[J]. 中国生物防治(2): 77.

陶粮, 陈昌洁, 王志贤, 等, 1988. 七株松毛虫 CPVRNA 因图谱比较[J]. 林业科学, 24
　　(1): 28-32.

汪洋, 张珈敏, 李杨, 等, 2004. 马尾松毛虫 CPV 基因组第 7 片段的 cDNA 克隆及序列分
　　析[J]. 武汉大学学报(理学版), 50(2): 216-222.

王立纯, 刘宽余, 王志英, 等, 1990. 落叶松毛虫核型多角体病毒研究初报[J]. 东北林业
　　大学学报(5): 97-98.

王用贤, 朱应, 卢南, 等, 1987. 文山松毛虫和昆明小毛虫核型多角体病毒的发现[J]. 林
　　业科技通讯(1): 32-33.

王志贤, 陈昌洁, 高志和, 等, 1984. 日本赤松毛虫质型多角体病毒的研究和利用概况[J].
　　林业科技通讯(4): 29-31.

巫爱珍, 戴仁鸣, 沈学仁, 等, 1978. 以双链核糖核酸为基因组的病毒的研究: Ⅰ. 家蚕细胞
　　质多角体病毒的简易纯化及其性质[J]. 生物化学与生物物理学报, 10(4): 381-383.

吴坤君, 龚佩瑜, 盛承发, 2005. 昆虫多样性参数的测定和表达[J]. 昆虫知识(3): 338-
　　340.

许志春, 李凯, 1996. 油松对松毛虫危害的补偿机制研究[J]. 北京林业大学学报, 18(1):
　　61-65.

杨苗苗, 2012. 思茅松毛虫核型多角体病毒及全基因组分析[D]. 杨凌: 西北农林科技大
　　学.

叶林柏, 梁东瑞, 朱应, 等, 1988. 松毛虫质型多角体病毒的增殖与提取方法[J]. 林业科
　　技通讯(4): 28-29.

喻子牛, 1993. 苏云金芽胞杆菌制剂的生产和应用[M]. 北京: 农业出版社.

曾陈湘, 吴若光, 1985. 马尾松毛虫四角形质型多角体病毒[J]. 林业科技通讯(10): 26.

曾陈湘, 吴若光, 何雪香, 等, 1997. 利用替代寄主生产马尾松毛虫质型多角体病毒的研
　　究[J]. 广东林业科技, 3(4): 6-13.

曾菊平, 戈峰, 苏建伟, 等, 2010. 我国林业重大害虫松毛虫的灾害研究进展[J]. 昆虫知
　　识, 47(3): 451-459.

曾述圣, 杨佳, 杨中学, 等, 2000. 思茅松毛虫质型多角体病毒的应用[J]. 森林病虫通讯
　　(1): 28-29.

张光裕, 1987. 加拿大利用昆虫病毒防治森林害虫现状[J]. 生物防治通报, 3(1): 47-48.

张珈敏, 胡远扬, 梁东瑞, 等, 1992. 德昌松毛虫质型多角体病毒的主要理化特性研究
　　[J]. 杀虫微生物(4): 131-135.

赵永芳, 1988. 生物化学技术原理及应用[M]. 武汉: 武汉大学出版社: 314-316.

赵元藩, 温庆忠, 艾建林, 2010. 云南森林生态系统服务功能价值评估[J]. 林业科学研
　　究, 23(2): 184-190.

中国医学科学院流行病防治所, 1978. 常见病毒实验技术[M]. 北京: 科学出版社.

中山大学生物学系昆虫学专业电子显微镜室. 1977. 马尾松毛虫幼虫核型多角体病毒的研究简报[J]. 中山大学学报(自然科学版)(4)：11-45.

中心科技术情报所, 1982. 昆虫病毒的研究[M]. 北京：科学技术文献出版社.

周楠, 2009. 质型多角体病毒粉剂对文山松毛虫的毒力测定[C]// 云南省昆虫学会. 云南省昆虫学会 2009 年年会论文集. 云南省昆虫学会：249-251.

周章义, 李景辉, 1993. 过度修枝对油松生长及其抗虫性影响以及合理修枝探讨[J]. 林业科学(5)：408-414.

朱光旦, 林军, 沈中建, 等, 1999. 马尾松毛虫质型多角体病毒单克隆抗体的制备和应用[J]. 林业科学(1)：62-67.

朱应, 王用贤, 李燕轻, 等, 1991. 文山松毛虫和昆明小毛虫核型多角体病毒的发现[J]. 林业科技(5)：32.

Scherrer K, 1969. Isolation and sucerose gradient analysis of RNA[G]//Habel K, Salzman N P. Fundamental Techniqes in Virology. New York : Acadomic Press Inc：413-432.

Yang M M, Li M L, Wang Y Zh, et al., 2011. Virulence and characteristics of a new nucleopolyhedrovirus strain of *Dendrolimus kikuchii* (Lepidoptera；Lasiocampidae)[J]. Africal Journal of Microbiology Research, 5：2261-2265.

Zhao S L, Liang C Y, Zhang W J, et al., 2005. Characterization of the RNA-binding domain in the *Dendrolimus punctatus* cytoplasmic polyhedrosis virus nonstructural protein[J]. Virus Res, 114(3)：80-88.